广西农作物种质资源

丛书主编 邓国富

薯类作物卷

严华兵 黄咏梅 周灵芝 等 著

科学出版社

北京

内 容 简 介

本书概述了广西薯类作物的分布和类型，以及广西农业科学院在薯类作物资源收集、保存、鉴定和评价等方面的工作。本书选录了 213 份薯类作物种质资源，介绍了每份种质资源的采集地、当地种植情况、主要特征特性和利用价值，并配以相关性状的典型图片。

本书适合从事薯类作物种质资源保护、研究和利用的科技工作者，大专院校师生，农业管理部门工作者，以及薯类作物种植、加工从业人员等阅读参考。

图书在版编目（CIP）数据

广西农作物种质资源. 薯类作物卷 / 严华兵等著. —北京：科学出版社，2020.6

ISBN 978-7-03-064976-8

Ⅰ. ①广… Ⅱ. ①严… Ⅲ. ①薯类作物－种质资源－广西 Ⅳ. ① S32

中国版本图书馆 CIP 数据核字（2020）第 072461 号

责任编辑：陈 新 郝晨扬 / 责任校对：郑金红
责任印制：肖 兴 / 封面设计：金舵手世纪

科学出版社 出版

北京东黄城根北街16号
邮政编码：100717
http://www.sciencep.com

北京九天鸿程印刷有限责任公司 印刷

科学出版社发行 各地新华书店经销

*

2020 年 6 月第 一 版 开本：787×1092 1/16
2020 年 6 月第一次印刷 印张：13 1/4
字数：314 000

定价：198.00 元
（如有印装质量问题，我社负责调换）

"广西农作物种质资源"丛书编委会

主 编
邓国富

副主编
李丹婷 刘开强 车江旅

编 委
（以姓氏笔画为序）

卜朝阳	韦 弟	韦绍龙	韦荣福	车江旅	邓 彪
邓杰玲	邓国富	邓铁军	甘桂云	叶建强	史卫东
尧金燕	刘开强	刘文君	刘业强	闫海霞	江禹奉
祁亮亮	严华兵	李丹婷	李冬波	李秀玲	李经成
李春牛	李博胤	杨翠芳	吴小建	吴建明	何芳练
张 力	张自斌	张宗琼	张保青	陈天渊	陈文杰
陈东奎	陈怀珠	陈振东	陈雪凤	陈燕华	罗高玲
罗瑞鸿	周 珊	周生茂	周灵芝	郎 宁	赵 坤
钟瑞春	段维兴	贺梁琼	夏秀忠	徐志健	唐荣华
黄 羽	黄咏梅	曹 升	望飞勇	梁 江	梁云涛
彭宏祥	董伟清	韩柱强	覃兰秋	覃初贤	覃欣广
程伟东	曾 宇	曾艳华	曾维英	谢和霞	廖惠红
樊吴静	黎 炎				

审 校
邓国富 李丹婷 刘开强

本书著者名单

主要著者

严华兵　黄咏梅　周灵芝　樊吴静

其他著者

曹　升	陈天渊	陈会鲜	胡　泊	何虎翼	滑金锋
李彦青	李丽淑	李艳英	李慧峰	陆柳英	劳承英
申章佑	尚小红	谭冠宁	唐洲萍	韦本辉	肖　亮
谢向誉	杨　鑫	周　佳	曾文丹		

Foreword 丛 书 序

农作物种质资源是农业科技原始创新、现代种业发展的物质基础，是保障粮食安全、建设生态文明、支撑农业可持续发展的战略性资源。近年来，随着自然环境、种植业结构和土地经营方式等的变化，大量地方品种迅速消失，作物野生近缘植物资源急剧减少。因此，农业部（现称农业农村部）于 2015 年启动了"第三次全国农作物种质资源普查与收集行动"，以查清我国农作物种质资源本底，并开展种质资源的抢救性收集。

广西壮族自治区（后简称广西）是首批启动"第三次全国农作物种质资源普查与收集行动"的省（区、市）之一，完成了 75 个县（市）农作物种质资源的全面普查，以及 22 个县（市、区）农作物种质资源的系统调查和抢救性收集，基本查清了广西农作物种质资源的基本情况，结合广西创新驱动发展专项"广西农作物种质资源收集鉴定与保存"，收集各类农作物种质资源 2 万余份，开展了系统的鉴定评价，筛选出一批优异的农作物种质资源，进一步丰富了我国农作物种质资源的战略储备。

在此基础上，广西农业科学院系统梳理和总结了广西农作物种质资源工作，组织全院科技人员编撰了"广西农作物种质资源"丛书。丛书详细介绍了广西农作物种质资源的基本情况、优异资源及创新利用等情况，是广西开展"第三次全国农作物种质资源普查与收集行动"和实施广西创新驱动发展专项"广西农作物种质资源收集鉴定与保存"的重要成果，对于更好地保护与利用广西的农作物种质资源具有重要意义。

值此丛书脱稿之际，作此序，表示祝贺，希望广西进一步加强农作物种质资源保护，深入推动种质资源共享利用，为广西现代种业发展和乡村振兴做出更大的贡献。

中国工程院院士 刘旭

2019 年 9 月

Preface 丛 书 前 言

　　广西地处我国南疆，属亚热带季风气候区，雨水丰沛，光照充足，自然条件优越，生物多样性水平居全国前列，其生物资源具有数量多、分布广、特异性突出等特点，是水稻、玉米、甘蔗、大豆、热带果树、蔬菜、食用菌、花卉等种质资源的重要分布地和区域多样性中心。

　　为全面、系统地保护优异的农作物种质资源，广西积极开展农作物种质资源普查与收集工作。在国家有关部门的统筹安排下，广西先后于1955~1958年、1983~1985年、2015~2019年开展了第一次、第二次、第三次全国农作物种质资源普查与收集行动，还于1978~1980年、1991~1995年、2008~2010年分别开展了广西野生稻、桂西山区、沿海地区等单一作物或区域性的农作物种质资源考察与收集行动。

　　广西农业科学院是广西农作物种质资源收集、保护与创新利用工作的牵头单位，种质资源收集与保存工作成效显著，为国家农作物种质资源的保护和创新利用做出了重要贡献。经过一代又一代种质资源科技工作者的不懈努力，全院目前拥有野生稻、花生等国家种质资源圃2个，甘蔗、龙眼、荔枝、淮山、火龙果、番石榴、杨桃等省部级种质资源圃7个，保存农作物种质资源及相关材料8万余份，其中野生稻种质资源约占全国保存总量的1/2、栽培稻种质资源约占全国保存总量的1/6、甘蔗种质资源约占全国保存总量的1/2、糯玉米种质资源约占全国保存总量的1/3。通过创新利用这些珍贵的种质资源，广西农业科学院创制了一批在科研、生产上发挥了巨大作用的新材料、新品种，例如：利用广西农家品种"矮仔占"培育了第一个以杂交育种方法育成的矮秆水稻品种，引发了水稻的第一次绿色革命——矮秆育种；广西选育的桂99是我国第一个利用广西田东普通野生稻育成的恢复系，是国内应用面积最大的水稻恢复系之一；创制了广西首个被农业部列为玉米生产主导品种的桂单0810、广西第一个通过国家审定的糯玉米品种——桂糯518，桂糯518现已成为广西乃至我国糯玉米育种史上的标志性品种；利用收集引进的资源还创制了我国种植比例和累计推广面积最大的自育甘蔗品种——桂糖11号、桂糖42号（当前种植面积最大）；培育了一大批深受市场欢迎的水果、蔬菜特色品种，从钦州荔枝实生资源中选育出了我国第一个国审荔枝新品种——贵妃红，利用梧州青皮冬瓜、北海粉皮冬瓜等育成了"桂蔬"系列黑皮冬瓜（在华南地区市场占有率达60%以上）。1981年建成的广西农业科学院种质资源库是我国第一座现代化农作物种质资源库，是广西乃至我国农作物种质资源保护和创新利用的重要平台。这些珍贵的种质资源和重要的种质创新平台为推动我国种质创新、提高生物育种效率发挥了重要作用。

广西是 2015 年首批启动"第三次全国农作物种质资源普查与收集行动"的 4 个省（区、市）之一，圆满完成了 75 个县（市）主要农作物种质资源的普查征集，全面完成了 22 个县（市、区）农作物种质资源的系统调查和抢救性收集。在此基础上，广西壮族自治区人民政府于 2017 年启动广西创新驱动发展专项"广西农作物种质资源收集鉴定与保存"（桂科 AA17204045），首次实现广西农作物种质资源收集区域、收集种类和生态类型的 3 个全覆盖，是广西目前最全面、最系统、最深入的农作物种质资源收集与保护行动。通过普查行动和专项的实施，广西农业科学院收集水稻、玉米、甘蔗、大豆、果树、蔬菜、食用菌、花卉等涵盖 22 科 51 属 80 种的种质资源 2 万余份，发现了 1 个兰花新种和 3 个兰花新记录种，明确了贵州地宝兰、华东葡萄、灌阳野生大豆、弄岗野生龙眼等新的分布区，这些资源对研究物种起源与进化具有重要意义，为种质资源的挖掘利用和新材料、新品种的精准创制奠定了坚实的基础。

为系统梳理"第三次全国农作物种质资源普查与收集行动"和"广西农作物种质资源收集鉴定与保存"的项目成果，全面总结广西农作物种质资源收集、鉴定和评价工作，为种质资源创新和农作物育种工作者提供翔实的优异农作物种质资源基础信息，推动农作物种质资源的收集保护和共享利用，广西农业科学院组织全院 20 个专业研究所 200 余名专家编写了"广西农作物种质资源"丛书。丛书全套共 12 卷，分别是《水稻卷》《玉米卷》《甘蔗卷》《果树卷》《蔬菜卷》《花生卷》《大豆卷》《薯类作物卷》《杂粮卷》《食用豆类作物卷》《花卉卷》《食用菌卷》。丛书系统总结了广西农业科学院在农作物种质资源收集、保存、鉴定和评价等方面的工作，分别概述了水稻、玉米、甘蔗等广西主要农作物种质资源的分布、类型、特色、演变规律等，图文并茂地展示了主要农作物种质资源，并详细描述了它们的采集地、主要特征特性、优异性状及利用价值，是一套综合性的种质资源图书。

在种质资源收集、鉴定、入库和丛书编撰过程中，农业农村部特别是中国农业科学院等单位领导和专家给予了大力支持和指导。丛书出版得到了"第三次全国农作物种质资源普查与收集行动"和"广西农作物种质资源收集鉴定与保存"的经费支持。中国工程院院士、著名植物种质资源学家刘旭先生还专门为丛书作序。在此，一并致以诚挚的谢意。

广西农业科学院院长

2019 年 9 月

Contents 目 录

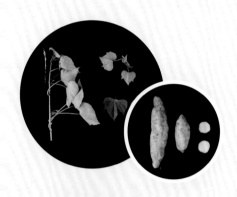

第一章
广西薯类作物种质资源概述

广西位于北纬 20°54′～26°24′、东经 104°28′～112°04′，北回归线横贯其中部，地处中国地势第二台阶中的云贵高原东南边缘，两广丘陵西部，南临北部湾海面；西北高、东南低，呈西北向东南倾斜状。土地面积为 23.76 万 km²，约占全国土地总面积的 2.5%。地貌为山地丘陵性盆地，包含山地、丘陵、台地、平原、石山、水面等。广西气候类型多样，地处中、南亚热带季风气候区，雨水丰沛，光照充足。桂北、桂西还具有山地气候的一般特征，"立体气候"较为明显，小气候生态环境多样化。广西是多民族聚居的自治区，世居民族有壮族、汉族、瑶族、苗族、侗族、仫佬族、毛南族、回族、京族、彝族、水族、仡佬族等 12 个，另有满族、蒙古族、朝鲜族、白族、藏族、黎族、土家族等 44 个其他民族成分。广西多样化的生态条件、多民族的饮食文化、长期的作物演化及人工选择，孕育了丰富的甘薯、食用木薯、淮山、旱藕、葛根等薯类作物种质资源。本书选录了甘薯、食用木薯、淮山、旱藕等 4 种薯类优异种质资源 213 份，展示了每份资源的图片并详细介绍了每份种质资源的采集地、当地种植情况、主要特征特性及利用价值等。

第一节　甘薯种质资源概述

一、概述

甘薯（*Ipomoea batatas*）属于旋花科（Convolvulaceae）番薯属（*Ipomoea*），为一年生草本植物。甘薯起源于南美洲，明代万历年间传入中国，清代初期才传入广西，但直到清代末期才得到较大发展；新中国成立后至 1958 年达到鼎盛时期，种植面积高达 73.59 万 hm²，单产为 5157kg/hm²；2008～2018 年，种植面积稳定在 20 万 hm² 左右，单产为 20 542.5kg/hm²。广西为喀斯特地貌，地形复杂，自然环境多样化，同时甘薯的种植历史较为久远，随着耕作制度变迁和经年累月的选择，形成了各具特色的地方品种，丰富了甘薯种质资源库，是甘薯育种的宝藏。

甘薯富含淀粉、蛋白质、维生素、糖、脂肪、磷、钙、铁、膳食纤维、氨基酸等营养物质，除了可以直接蒸煮、烘烤食用，还可以加工成薯脯、粉丝等，提取的甘薯淀粉可用于生产乙醇、食品包装纸（袋）、服装布料等，还可用作医药加工的原材料。紫色甘薯品种含有丰富的花青素，研究表明该物质具有抗氧化、清除自由基、抗突变、抗肿瘤等功效，从中提取的天然紫色素还可作为食品、药品和化妆品等的着色剂。

二、资源调查、收集、保存与鉴定

自 20 世纪 50 年代中期起，广西先后开展了 3 次不同规模的甘薯种质资源调查与收集和 1 次补征工作。第一次调查与收集在 1955～1958 年进行，后期由于"文化大革命"的影响、科技人员的变动及保存单位的变迁等，收集的甘薯种质资源大量遗失。1980 年，甘薯科研工作由广西农业科学研究所经济作物研究室移交广西玉米研究所时，甘薯种质资源仅剩 47 份。第二次调查与收集在 1983～1985 年进行，共收集 439 份甘薯种质资源，经过整理、剔除同种同名或同种异名，将余下的 356 份编入《广西红薯品种资源目录》（内部资料），包括地方品种 347 份和育成品种 9 份。

甘薯是典型的无性繁殖作物，通常利用薯块和藤蔓交替繁殖的方式保持后代种性，与利用种子保存的水稻、玉米等其他作物相比，其保存的便捷性差。传统的保存方法（田间种植和薯块贮存）常常受极端天气的影响、病虫鼠等危害，甘薯种质资源的安全保存得不到有效保障。截至 2008 年初，广西农业科学院保存的国内外甘薯种质资源仅剩 269 份。2008～2009 年，广西农业科学院玉米研究所甘薯研究团队再次开展补充收集工作，从广西各地共收集地方品种 145 份。

2015～2018 年，广西实施了农业部项目"第三次全国农作物种质资源普查与收集行动"和广西创新驱动发展专项"广西农作物种质资源收集鉴定与保存"，在广西各地广泛开展甘薯种质资源调查和收集工作，共收集甘薯种质资源 163 份，包括白皮甘薯 35 份、黄皮甘薯 19 份、红皮甘薯 97 份、紫皮紫心甘薯 12 份。经过分类鉴定，剔除同种同名或同种异名后，余下种质资源 70 份（同时提交国家甘薯种质资源圃），包括白皮甘薯 15 份、黄皮甘薯 16 份、红皮甘薯 35 份、紫皮紫心甘薯 4 份。调查发现，重复率较高的品种有槟榔薯、南瓜薯、白皮甘薯和紫皮紫心甘薯等；其中，槟榔薯重复收集多达 31 份，南瓜薯 14 份，白皮甘薯 12 份，紫皮紫心甘薯 9 份。

三、资源类型与分布

根据 2015～2018 年的调查结果，广西的甘薯种质资源主要有食用型、加工型、食饲兼用型、叶菜专用型等类型。食用型和叶菜专用型甘薯分布较广泛，各地甘薯产区均有种植；食饲兼用型甘薯主要分布在三江侗族自治县、融安县、融水苗族自治县、灵川县、隆林各族自治县、西林县等地的偏远山村；加工型甘薯主要分布在都安瑶族自治县、灌阳县、平南县、灵山县、八步区等地的加工产区，主要加工粉丝及薯脯。在本次资源普查所收集的甘薯种质资源中，桂林市 7 个县（市、区）收集 62 份，占 38.0%；百色市 5 个县（市、区）收集 31 份，占 19.0%；柳州市 5 个县（区）收集 29

份，占 18.0%；崇左市 4 个县（区）收集 18 份，占 11.0%；河池市 3 个县（区）收集 10 份，占 6.1%；防城港市、贵港市、贺州市、钦州市、梧州市、玉林市等地收集 13 份，占 8.0%。

四、资源优异特性

根据当地农民对种质资源的认知，以及对所收集的种质资源进行鉴定评价，筛选出 94 份甘薯种质资源（包括 2015～2018 年收集、鉴定的 70 份甘薯种质资源和从广西甘薯种质资源圃筛选出的 24 份地方优异甘薯种质资源）。这些资源都具有一定的优异特性，如灌阳紫叶薯，每天采摘适量茎尖及嫩叶做蔬菜食用，具有辅助降血糖的功效；槟榔薯分布地域较广泛，广西大部分甘薯产区均有种植，该资源种一方面具有香、甜、粉等鲜食品种的特性，另一方面其干物率高达 30%～37%，适于加工成甘薯粉丝，且口感好，深受消费者喜爱；姑娘薯是防城港东兴市的一个优良地方品种，据记载，民国时期就有种植，种植历史较悠久，该资源具有甜、粉、香味浓郁、风味独特、口感好等特点，长期以来都被当作当地的主栽品种，2010 年 4 月获得了国家地理标志产品登记证书。

第二节　食用木薯种质资源概述

一、概述

木薯（*Manihot esculenta*）是大戟科（Euphorbiaceae）木薯属（*Manihot*）植物。木薯于 19 世纪初传入我国，主要种植于广西、海南、广东、云南、江西、福建等地，在广西已有近 200 年的种植历史。广西是我国木薯主产区，是全国木薯种植第一大省（区、市）。广西木薯种植面积、产量均占全国 60% 以上，在广西产业经济和全国产业发展中均发挥着重要作用。我国华南地区有食用木薯的传统，20 世纪 40～50 年代，木薯曾是重要的粮食作物，而广西拥有丰富的地方食用木薯种质资源。木薯种植成本低，病虫害少，易于打造天然无公害有机产品。木薯块根高淀粉、低糖、低脂，富含膳食纤维、维生素 E、维生素 C 和矿物质等，食品开发利用广泛，可通过蒸、煮、烹、炸制作成各种食用木薯菜肴，或加工成食用木薯全粉，用于制作烘烤食品、膨化食品等。

二、资源调查、收集、保存与鉴定

早在 1940～1944 年，广西农业科学院在广西柳州的广西农事试验场（广西农业科学院的前身）收集了一些地方品种，并对氢氰酸（HCN）含量及其在植株体内的分布做了较为全面的分析，为当时选用低毒品种提供了理论依据。广西农业科学院经济作物研究所从 20 世纪 80 年代开始对木薯种质资源进行大量收集，并进行农艺性状观察、产量鉴定、抗性鉴定、品质分析，以及栽培技术等方面的研究。2015～2018 年，广西实施了农业部项目"第三次全国农作物种质资源普查与收集行动"和广西创新驱动发展专项"广西农作物种质资源收集鉴定与保存"，完成了广西 13 个地级市 31 个县（市、区）的系统调查、收集与资源征集，共收集地方食用木薯种质资源 116 份，结合表型精准鉴定和分子标记技术对这些资源进行了鉴定评价。到目前为止，累计收集、保存国内外木薯种质资源 400 多份。

三、资源类型与分布

根据 2015～2018 年的调查结果，广西目前保存种植的木薯地方品种，从用途上分，主要有食用木薯和工业木薯两种类型；从氢氰酸含量来分，有苦木薯和甜木薯两种类型。食用木薯俗称面包木薯，氢氰酸含量偏低，桂北、桂南、桂中、桂西、桂东均有分布；工业木薯主要用于生产木薯淀粉、乙醇等，主要分布于桂东南、桂中南、桂东北地区，特别是南宁市、崇左市、贵港市、北海市、玉林市等地。在本次资源普查与收集行动中，南宁市 4 个县（区）收集 19 份，占 16.4%；崇左市 4 个县（市、区）收集 16 份，占 13.8%；玉林市 4 个县（市、区）收集 11 份，占 9.5%；北海市 2 个县（区）收集 10 份，占 8.6%；柳州市 2 个县（区）收集 10 份，占 8.6%；钦州市 2 个县（区）收集 10 份，占 8.6%；贵港市 2 个县（市、区）收集 9 份，占 7.8%；梧州市 2 个县（市、区）收集 7 份，占 6.0%；来宾市 2 个县（市、区）收集 6 份，占 5.2%；桂林市 2 个县（区）收集 6 份，占 5.2%；贺州市 2 个县（区）收集 6 份，占 5.2%；河池市 2 个县（区）收集 5 份，占 4.3%；百色市 1 个县（市、区）收集 1 份，占 0.9%。

四、资源优异特性

根据当地农民对本地资源的认知，以及对所收集的资源进行初步分类和评价，结合表型精准鉴定和分子标记技术对资源进行了鉴定评价，筛选出 50 份优异地方食用木薯种质资源。这些木薯种质资源氢氰酸含量低，适宜制作丰富多样的地方木薯食品。

第三节　淮山种质资源概述

一、概述

淮山（*Dioscorea opposite*）是薯蓣科（Dioscoreaceae）薯蓣属（*Dioscorea*）的一年生或多年生草本蔓生植物，在中国北方称为山药、怀山药等，在南方尤其是广西、广东等地称为淮山。中国是淮山的原产地之一，广西、广东和云南等热带、亚热带地区是淮山的中国南部起源中心。淮山以肉质根状块茎为主要利用产品，内含大量的淀粉、氨基酸、多糖和微量元素等，营养成分全面，老幼皆宜，兼具降血糖、降血脂、抗氧化、抗衰老、调节免疫力、调节脾胃功能等功效，是著名的补益中药。淮山可菜用、粮用、药用、饲用等，是一种多用途、高效益的经济作物。

二、资源调查、收集、保存与鉴定

淮山一直以来被视为小作物，缺乏系统研究，一直处于零散种植的状态。广西农业科学院经济作物研究所薯类作物研究室自 2001 年成立以来就开展了淮山种质资源的收集与评价，至 2014 年在广西 7 个地级市共收集淮山种质资源 115 份，并进行了农艺性状、抗性和品质等鉴定评价，以及栽培技术等方面的研究。2015～2018 年，广西实施了农业部项目"第三次全国农作物种质资源普查与收集行动"和广西创新驱动发展专项"广西农作物种质资源收集鉴定与保存"，完成了广西 13 个地级市（北海市除外）48 个县（市、区）的系统调查、收集与资源征集，共收集淮山种质资源 91 份。

三、资源类型与分布

根据 2015～2018 年的调查结果，广西淮山种质资源从植物分类学上主要有参薯、日本薯蓣、褐苞薯蓣和甜薯等；生产上，种植户按叶型大小一般分为南方小叶淮山和南方大叶淮山。在收集获得并经过 1～3 年鉴定的 73 份淮山种质资源中，有参薯 41 份、日本薯蓣 22 份、褐苞薯蓣 2 份、甜薯 8 份。

在收集的 91 份淮山种质资源中，桂林市 8 个县（市、区）收集 15 份，占 16.5%；河池市 8 个县（区）收集 13 份，占 14.3%；南宁市 5 个县（区）收集 12 份，占 13.2%；百色市 5 个县（市、区）收集 12 份，占 13.2%；钦州市 4 个县（区）收集 7 份，占 7.7%；柳州市 4 个县（区）收集 6 份，占 6.6%；梧州市 3 个县（市、区）收集 6 份，占 6.6%；来宾市 2 个县（市、区）收集 5 份，占 5.5%。上述 8 个地级市的 39 个县（市、区）共收集 76 份，占所收集淮山种质资源总份数的 83.5%；玉林市、贺州市、贵港市、防城港市和崇左市共收集 15 份，占所收集淮山种质资源总份数的 16.5%。

四、资源优异特性

在收集的 91 份淮山种质资源中，当地农民认为具有优异性状的种质资源有 49 份，经鉴定评价，筛选出优异淮山种质资源 43 份。其中，具有优质特性的资源有 28 份，具有抗病虫特性的资源有 27 份，具有高产特性的资源有 26 份，具有抗旱（或耐旱）特性的资源有 7 份，具有广适特性的资源有 7 份，具有耐寒特性的资源有 3 份，具有耐瘠特性的资源有 4 份。经田间观察鉴定，73 份淮山种质资源中有 62 份抗炭疽病、42 份高产、22 份耐寒。

第四节 旱藕种质资源概述

一、概述

旱藕（*Canna edulis*），又名芭蕉芋、蕉藕、姜芋等，是美人蕉科（Cannaceae）美人蕉属（*Canna*）的一年生或多年生草本植物。旱藕原产于南美洲热带、亚热带地区，于 20 世纪 20 年代传入我国，主要分布于亚热带地区，现广泛种植于云南、贵州、广西、四川、湖南、重庆、河南等地。广西几乎每个县（市、区）均有旱藕分布，其中在大石山区种植面积较大。旱藕块茎产量为 4.5 万～7.5 万 kg/hm²，块茎富含淀粉，是一种粗生、无病虫害的淀粉作物。块茎中还含有丰富的钙、磷、铁及 17 种氨基酸、维生素 B、维生素 C 等，既营养丰富又易于消化，经常食用益血补髓、消热润肺、防止肥胖。旱藕淀粉在食品工业上有广泛用途，可用于生产味精、葡萄糖、粉丝、乙醇及造纸、纺织等。在广西，旱藕主要用于加工粉丝，其具有易熟耐烂、久煮不糊、质地细腻等特点；旱藕也用于加工畜禽饲料，块茎晒干磨粉后进行饲喂，茎叶可直接鲜喂或青贮后饲喂；此外，旱藕绿叶红花、美丽多姿，可用于美化环境。

二、资源调查、收集、保存与鉴定

20 世纪旱藕在广西被作为粮食作物栽培，但在 2018 年调查发现，目前旱藕在广西零散种植，除了加工企业周边有大面积种植，很多旱藕都是在荒山野岭、田间地头或路边自由生长，无人管理。2015～2018 年，广西实施了农业部项目"第三次全国农作物种质资源普查与收集行动"和广西创新驱动发展专项"广西农作物种质资源收集鉴定与保存"，系统开展了广西旱藕种质资源调查与收集工作，完成了广西 33 个县（市、区）的系统调查、收集，共收集旱藕种质资源 86 份，并进行了农艺性状、产量、品质特性等方面的鉴定评价。

三、资源类型与分布

根据调查结果，广西目前种植保存的旱藕种质资源有紫边绿叶、绿叶和紫叶 3 种外观类型，主要用途有食用、药用和加工 3 种。在收集获得的 86 份旱藕种质资源中，有 82 份为紫边绿叶型旱藕，占 95.3%；其余为 2 份绿叶型旱藕和 2 份紫叶型旱藕。在这些种质资源中，南宁市 3 个县（区）收集 11 份，占 12.8%；河池市 9 个县（区）收集 19 份，占 22.1%；百色市 3 个县（市、区）收集 6 份，占 7.0%；崇左市 1 个县（市、区）收集 3 份，占 3.5%；柳州市 2 个县（区）收集 3 份，占 3.5%；桂林市 3 个县（市、区）收集 13 份，占 15.1%；贵港市 2 个县（市、区）收集 4 份，占 4.6%；玉林市 2 个县（市、区）收集 3 份，占 3.5%；梧州市 1 个县（市、区）收集 1 份，占 1.2%；贺州市 2 个县（区）收集 4 份，占 4.6%；钦州市 3 个县（区）收集 13 份，占 15.1%；防城港市 2 个县（市、区）收集 6 份，占 7.0%。

四、资源优异特性

根据当地农民对旱藕种质资源的认知，以及对所收集的种质资源进行鉴定评价，筛选出 26 份旱藕种质资源。这些种质资源中很多具有抗病、抗虫、耐寒、耐旱、耐贫瘠等特性；有的种质块茎产量高、淀粉含量高，加工粉丝或提取淀粉的品质好；有的种质块茎糖分高、淀粉含量低，可用于鲜食或炒食，香脆可口；有些种质可作为药用，块茎经煮后食用，可祛除冷汗、虚汗等；有些种质红花绿叶、株型好，可用于美化环境等。这些种质资源可以直接在生产上栽培利用，也可以作为旱藕育种的重要种质材料。

第二章
广西薯类作物种质资源介绍

第一节 甘薯种质资源介绍

1. 龙胜白薯

【采集地】广西桂林市龙胜各族自治县江底乡城岭村洪水溪屯。

【当地种植情况】在当地零星种植，农户自行留种、自产自销。

【主要特征特性】[①] 在南宁种植，株型匍匐，顶芽和顶叶黄绿色，成叶绿色；顶叶和成叶形状均为浅裂复缺刻形；叶脉、叶脉基部、叶柄、叶柄基部和茎均为绿色；叶片大小为110.3cm²，节间长3.7cm，茎直径为4.4mm，基部分枝10.0条，最长蔓长140.9cm，长蔓型；薯形纺锤形，薯皮主色为白色、次色为黄色，薯肉白色；产量约为27 000kg/hm²，干物率为23.7%。

【利用价值】该种质茎尖脆嫩，茎端无绒毛，符合叶菜型甘薯的部分特征，可作为叶菜专用型甘薯品种选育的亲本材料。生产上主要饲用，少部分鲜食，属于食饲兼用型甘薯。

---

① 【主要特征特性】所列甘薯种质资源的农艺性状数据均为2016～2018年田间鉴定数据的平均值，后文同

2. 那坡白皮薯

【采集地】广西百色市那坡县龙合乡果桃村马独屯。

【当地种植情况】在当地零星种植，农户自行留种、自产自销。

【主要特征特性】在南宁种植，株型匍匐，顶芽和顶叶均为紫色，成叶绿色；顶叶和成叶形状均为浅裂复缺刻形；叶脉和叶脉基部紫色，叶柄绿色，叶柄基部紫色，茎主色为绿色、次色为

紫色（分布在茎节部）；叶片大小为 152.9cm^2，节间长 19.2cm，茎直径为 6.8mm，基部分枝 10.4 条，最长蔓长 211.5cm，长蔓型；薯形纺锤形，薯皮主色为白色、次色为黄色，薯肉白色；产量潜力较高，一般为 36 000kg/hm^2，干物率为 21.8%。

【利用价值】该种质产量较高，可作为高产甘薯新品种选育的亲本材料。生产上主要饲用，少部分鲜食，属于食饲兼用型甘薯。

3. 都安白皮红薯

【采集地】广西河池市都安瑶族自治县三只羊乡西隆村。

【当地种植情况】在当地零星种植，农户自行留种、自产自销。

【主要特征特性】在南宁种植，株型匍匐，顶芽绿带紫色，顶叶褐绿色，成叶绿色或褐绿色；顶叶和成叶形状均为心齿形或心形；叶脉和叶脉基部紫色，叶柄绿色，叶柄基部紫色，茎主色为绿色、次色为紫色（分布在茎节部或被阳光长期照射的茎间）；

叶片大小为124.9cm², 节间长4.2cm, 茎直径为5.8mm, 基部分枝7.5条, 最长蔓长186.3cm, 长蔓型; 薯形长纺锤形或纺锤形, 薯皮主色为白色、次色为黄色, 薯肉白色; 产量潜力较高, 一般为22 500～37 500kg/hm², 干物率为21.1%。

【利用价值】该种质产量较高, 可作为高产甘薯新品种选育的亲本材料。生产上主要饲用, 少部分食用, 属于食饲兼用型甘薯。

4. 融安叶菜薯

【采集地】广西柳州市融安县桥板乡古丹村拉会屯。

【当地种植情况】在当地各家各户少量种植, 农户自行留种、自产自销。

【主要特征特性】在南宁种植, 株型半直立, 顶芽和顶叶均为黄绿色, 成叶绿色; 顶叶和成叶形状均为深裂复缺刻形; 叶脉、叶脉基部、叶柄、叶柄基部和茎均为绿色; 叶片大小为134.2cm², 节间长2.9cm, 茎直径为4.9mm, 基部分枝11.7条, 最长蔓长101.8cm, 中蔓型; 薯形短纺锤形, 薯皮主色为白色、次色为黄色, 薯肉白色; 茎尖及嫩叶的产量一般为 30 000～42 000kg/hm^2，薯块产量一般为 19 500～25 500kg/hm^2，干物率为 22.6%。

【利用价值】该种质茎尖脆嫩，茎端无绒毛，符合叶菜型甘薯的特征，可作为叶菜专用型甘薯品种选育的亲本材料。生产上主要采摘茎尖及嫩叶作为蔬菜食用或饲用，薯块主要饲用，属于叶菜专用型甘薯。

5. 三江板栗薯

【采集地】广西柳州市三江侗族自治县丹洲镇六孟村上社屯。

【当地种植情况】当地各家各户均有少量种植，农户自行留种、自产自销。

【主要特征特性】在南宁种植，株型匍匐，顶芽褐绿色，顶叶褐色，成叶绿色；顶叶心形或心形带齿，成叶心形或浅裂单缺刻形；叶脉和叶脉基部紫色，叶柄绿色，叶柄基部紫色，茎主色为绿色、次色为紫色或浅紫色（分布在茎节部及被阳光长期照射的茎间）；叶片大小为 113.9cm^2，节间长 2.6cm，茎直径为 5.1mm，基部分枝 9.5 条，最长蔓长 110.0cm，中蔓型；薯形长纺锤形，薯皮和薯肉均为黄色；产量较低，一般为 16 500～22 500kg/hm^2，干物率为 31.0%。

【利用价值】该种质食用口感粉、香、糯，味道似板栗，口感好，可作为食用型甘薯新品种选育的亲本材料。生产上主要鲜食利用，少量饲用，属于食用型甘薯。

6. 平果白皮白心薯

【采集地】广西百色市平果市旧城镇庆兰村达兰屯。

【当地种植情况】在当地零星种植，农户自行留种、自产自销。

【主要特征特性】在南宁种植，株型匍匐，顶芽和顶叶均为褐色或褐绿色，成叶绿色；顶叶和成叶形状均为尖心带齿或浅裂复缺刻形；叶脉和叶脉基部紫色，叶柄绿色，叶柄基部紫色，茎主色为绿色、次色为紫色（分布在茎节部）；叶片大小为 130.9cm²，节间长 5.8cm，茎直径为 5.1mm，基部分枝 9.2 条，最长蔓长 135.2cm，中蔓型；薯形纺锤形，薯皮主色为白色、

次色为浅黄色，薯肉白色；产量一般为 22 500～48 000kg/hm²，干物率为 22.1%。

【利用价值】该种质产量高，可作为高产甘薯新品种选育的亲本材料。生产上主要饲用，少量食用，属于食饲兼用型甘薯。

7. 龙胜粉包薯

【采集地】广西桂林市龙胜各族自治县江底乡建新村黄家寨屯。

【当地种植情况】在当地各家各户少量种植，农户自行留种、自产自销。

【主要特征特性】在南宁种植，株型匍匐，顶芽和顶叶均为黄绿色，成叶绿色；顶叶和成叶形状均为浅裂复缺刻形；叶脉和叶脉基部紫色，叶柄绿带紫色，叶柄基部紫色，茎主色为绿色、次

色为浅紫色（分布在茎节部）；叶片大小为 109.1cm²，节间长 5.1cm，茎直径为 5.1mm，基部分枝 7.0 条，最长蔓长 183.0cm，长蔓型；薯形纺锤形，薯皮和薯肉均为黄色；产量较低，一般为 12 000～18 750kg/hm²，干物率为 24.1%。

【利用价值】该种质藤蔓长势强，可作为改良藤蔓长势的亲本材料。生产上主要食用、饲用或加工成甘薯粉丝等，属于食饲兼用型甘薯。

8. 融安白皮黄心薯

【采集地】广西柳州市融安县桥板乡古丹村拉会屯。

【当地种植情况】在当地各家各户少量种植，农户自行留种、自产自销。

【主要特征特性】在南宁种植，株型半直立，顶芽和顶叶均为黄绿色，成叶绿色；顶叶和成叶形状均为尖心形或尖心形带齿；叶脉和叶脉基部紫色，叶柄绿色，叶柄基部紫色，茎主色为绿色、次色为紫色（分布在茎节部及被阳光长期照射的茎间）；叶片大小为60.6cm²，节间长2.0cm，茎直径为4.0mm，基部分枝7.7条，最长蔓长52.0cm，短蔓型；薯形长纺锤形，薯皮主色为白色、次色为浅黄色，薯肉主色为橘黄色、次色为浅黄色（斑点状分布）；产量较低，一般为9000～18 000kg/hm²，干物率为21.2%。

【利用价值】该种质食味品质优，株型好，短蔓型，可作为食用型甘薯品种选育及改良长蔓型甘薯品种的亲本材料。生产上主要鲜食，少量饲用，属于食饲兼用型甘薯。

9. 融安田洞红薯1

【采集地】广西柳州市融安县板榄镇东岭村田洞屯。

【当地种植情况】在当地零星种植，农户自行留种、自产自销。

【主要特征特性】在南宁种植，株型半直立，顶芽和顶叶均为黄绿色，成叶绿色带褐边；顶叶和成叶形状均为浅裂复缺刻形；叶脉浅紫色，叶脉基部紫色，叶柄绿色，叶柄基部紫色，茎主色为绿色、次色为紫色（分布在茎节部）；叶片大小为 83.1cm^2，节间长 2.1cm，茎直径为 3.8mm，基部分枝 8.4 条，最长蔓长 69.2cm，中蔓型；薯形纺锤形，薯皮主色为白色、次色为浅黄色，薯肉主色为黄色、次色为浅橘黄色（斑点状分布）；产量一般为 15 000～26 250kg/hm^2，干物率为 20.4%。

【利用价值】该种质株型好，藤蔓中蔓，可作为改良长蔓型甘薯新品种的亲本材料。生产上主要食用或饲用，属于食饲兼用型甘薯。

10. 平果百感白皮红薯

【采集地】广西百色市平果市旧城镇康马村百感屯。

【当地种植情况】在当地零星种植，农户自行留种、自产自销。

【主要特征特性】在南宁种植，株型匍匐，顶芽和顶叶黄绿色，成叶绿色；顶叶和成叶形状均为尖心形或浅裂复缺刻形；叶脉和叶脉基部紫色，叶柄绿色，叶柄基部紫色，茎主色为绿色、次色为紫色（分布在茎节部）；叶片大小为 106.5cm^2，节间长 5.6cm，茎直径为 3.9mm，基部分枝 5.2 条，最长蔓长 74.9cm，中蔓型，薯形纺锤形，薯皮白色，薯肉主色为橘红色、次色为黄色（中心分布）；一般产量为 22 500～33 000kg/hm^2，干物率为 21.6%。

【利用价值】该种质食味好，中蔓，可作为食用型甘薯品种选育及改良长蔓型品种的亲本材料。生产上主要食用，少量饲用，属于食用型甘薯。

11. 平果白皮黄心薯

【采集地】广西百色市平果市旧城镇庆兰村达兰屯。

【当地种植情况】当地各家各户均有少量种植，农户自行留种、自产自销。

【主要特征特性】在南宁种植，株型匍匐，顶芽和顶叶黄绿色，成叶绿色；顶叶和成叶形状均为浅裂复缺刻形；叶脉和叶脉基部紫色，叶柄绿色，叶柄基部紫色，茎主色为绿色、次色为紫色（分布在茎节部）；叶片大小为131.1cm²，节间长4.4cm，茎直径为5.1mm，基部分枝11.2条，最长蔓长122.6cm，中蔓型；薯形纺锤形，薯皮白色，薯肉主色为橘黄色、次色为黄色（中心分布）；产量潜力高，一般为27 000~49 500kg/hm²，干物率为22.1%。

【利用价值】该种质产量高，食味品质好，甜软，可作为高产或食用型甘薯品种选育的亲本材料。生产上主要鲜食，少量饲用，属于食用型甘薯。

12. 凭祥白花心薯

【采集地】广西崇左市凭祥市上石镇练江村江屯。

【当地种植情况】在当地零星种植，农户自行留种、自产自销。

【主要特征特性】在南宁种植，株型匍匐，顶芽和顶叶均为黄绿色，成叶绿色；顶叶和成叶形状均为浅裂复缺刻形；叶脉和叶脉基部紫色，叶柄绿色，叶柄基部紫色，茎主色为绿色、次色为

紫色（分布在茎节部）；叶片大小为 107cm^2，节间长 3.4cm，茎直径为 5.3mm，基部分枝 11.0 条，最长蔓长 163.8cm，长蔓型；薯形纺锤形，薯皮主色为白色、次色为黄色，薯肉主色为白色、次色为紫色（外环分布及中心斑点状分布）；产量潜力高，一般为 27 000～52 500kg/hm^2，干物率为 30.6%。

【利用价值】因该品种产量潜力高，食味粉、香，口感好，可作为高产或食用型甘薯新品种选育的亲本材料。生产上主要鲜食，少量饲用，属于食用型甘薯。

13. 灌阳白粉薯

【采集地】广西桂林市灌阳县西山瑶族乡北江村。

【当地种植情况】当地各家各户均有少量种植，农户自行留种、自产自销。

【主要特征特性】在南宁种植，株型匍匐，顶芽和顶叶均为紫色，成叶绿色；顶

叶和成叶形状均为心形；叶脉和叶脉基部紫色，叶柄绿带紫色，叶柄基部紫色，茎主色为绿色、次色为紫色（分布在茎节部）；叶片大小为 154.8cm²，节间长 4.3cm，茎直径为 5.1mm，基部分枝 9.8 条，最长蔓长 129.0cm，中蔓型；薯形纺锤形，薯皮主色为白色、次色为黄色，薯肉主色为黄色、次色为紫色（斑点状分布）；一般产量为 19 500～31 500kg/hm²，干物率为 30.6%。

【利用价值】该种质干物率高，可作为淀粉型甘薯品种选育的亲本材料。生产上主要用于加工制作甘薯粉丝，少量鲜食或饲用，属于淀粉型甘薯。

14. 大化叶菜薯

【采集地】广西河池市大化瑶族自治县北景乡平方村牙火屯。

【当地种植情况】当地各家各户均有少量种植，农户自行留种、自产自销。

【主要特征特性】在南宁种植，株型匍匐，顶芽和顶叶紫色，成叶绿色；顶叶和成叶形状均为浅裂单缺刻或尖心形；叶脉、叶脉基部、叶柄、叶柄基部和茎均为绿色；叶片大小为 70.3cm²，节间长 3.5cm，茎直径为 3.8mm，基部分枝 10.2 条，最长蔓长 103.3cm，中蔓型；薯形纺锤形，薯皮主色为白色、次色为浅黄色，薯肉浅黄色或白色；茎尖及嫩叶产量一般为 30 000～37 500kg/hm²，薯块产量一般为 9000～18 000kg/hm²，干物率为 27.8%。

【利用价值】该种质茎尖脆嫩，茎端无绒毛，符合叶菜型甘薯的特征，可作为叶菜专用型甘薯品种选育的亲本材料。生产上主要采摘茎尖及嫩叶部分作为蔬菜食用或饲用，属于叶菜专用型甘薯。

15. 扶绥六头屯本地红薯

【采集地】广西崇左市扶绥县东门镇六头村六头屯。

【当地种植情况】在当地零星种植，农户自行留种、自产自销。

【主要特征特性】在南宁种植，株型匍匐，顶芽和顶叶黄绿色，成叶绿色；顶叶浅裂单缺刻形，成叶浅裂复缺刻或浅裂单缺刻形；叶脉、叶脉基部、叶柄和叶柄基部均为绿色，茎主色为绿色、次色为褐色（分布在被阳光长期照射的茎间）；叶片大小为 86.9cm^2，节间长 2.8cm，茎直径为 5.6mm，基部分枝 14.0 条，最长蔓长 163.0cm，长蔓型；薯形长纺锤形，薯皮主色为白色、

次色为浅黄色，薯肉浅黄色；产量较低，一般为 9000～15 000kg/hm²，干物率为 22.6%。

【利用价值】该种质茎叶生长势强，可作为改良藤蔓长势的亲本材料。生产上主要饲用，少量食用，属于食饲兼用型甘薯。

16. 钦南那丽白皮薯

【采集地】广西钦州市钦南区那丽镇。

【当地种植情况】在当地少量种植，农户自行留种、自产自销。

【主要特征特性】在南宁种植，株型匍匐，顶芽和顶叶均为黄绿色，成叶绿色；顶叶和成叶形状均为深裂复缺刻形；叶脉浅紫色，叶脉基部紫色，叶柄绿色，叶柄基部紫色，茎主色为绿色、次色为紫色（分布在茎节部及下部）；叶片大小为

126.5cm²，节间长 4.3cm，茎直径为 5.1mm，基部分枝 10.0 条，最长蔓长 104.0cm，中蔓型；薯形纺锤形，薯皮白色，薯肉浅黄色；产量约为 25 065kg/hm²，干物率为 29.3%。

【利用价值】该种质藤蔓中蔓，株型好，可作为改良长蔓型甘薯品种的亲本材料。生产上主要饲用，少量鲜食，属于食饲兼用型甘薯。

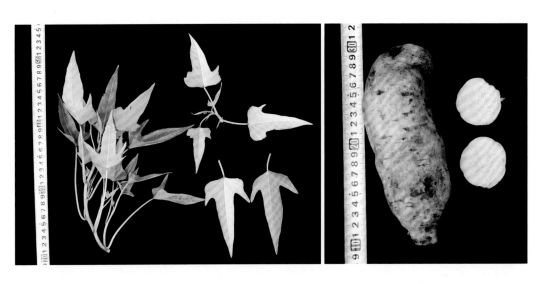

17. 都安白皮薯

【采集地】广西河池市都安瑶族自治县。

【当地种植情况】在当地零星种植，农户自行留种、自产自销。

【主要特征特性】在南宁种植，株型匍匐，顶芽和顶叶均为紫色，成叶绿色或绿带褐色；顶叶和成叶形状均为浅裂复缺刻形或尖心形带齿；叶脉和叶脉基部紫色，叶柄绿带紫色，叶柄基部紫色，茎主色为绿色、次色为紫色（分布在茎节部）；叶片大小为116.7cm^2，节间长4.8cm，茎直径为4.2mm，基部分枝8.3条，最长蔓长156.2cm，长蔓型；薯形纺锤形，

薯皮主色为白色、次色为黄色，薯肉白色；产量约为18 495kg/hm^2，干物率为27.6%。

【利用价值】该种质藤蔓生长势强，可作为改良藤蔓长势的亲本材料。生产上主要饲用，少量食用，属于食饲兼用型甘薯。

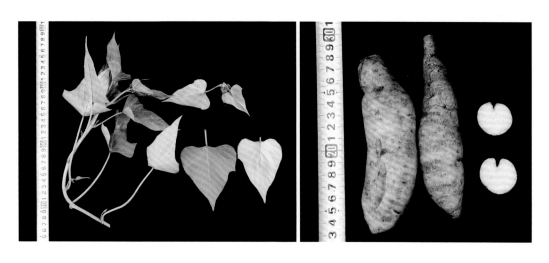

18. 乌丝南

【采集地】广西桂林市灌阳县。

【当地种植情况】在当地零星种植，农户自行留种、自产自销。

【主要特征特性】在南宁种植，株型匍匐，顶芽紫色，顶叶浅紫色或褐色，成叶绿色或绿色带褐边；顶叶和成叶形状均为心齿形；叶脉和叶脉基部紫色，叶柄绿带紫色，叶柄基部紫色，茎主色为绿色、次色为紫色（分布

在茎节部）；叶片大小为 124.3cm^2，节间长 4.4cm，茎直径为 6.0mm，基部分枝 8.7 条，最长蔓长 147.0cm，长蔓型；薯形纺锤形，薯皮主色为白色、次色为黄色，薯肉主色为浅黄色、次色为白色（斑点状分布）；产量约为 32 100kg/hm^2，干物率为 20.5%。

【利用价值】该种质藤蔓生长势强，可作为改良藤蔓长势的亲本材料。生产上主要饲用，少量食用，属于食饲兼用型甘薯。

19. 防城那湾白皮浅黄心薯

【采集地】广西防城港市防城区华石镇那湾村。

【当地种植情况】在当地零星种植，主要由农户自行留种、自产自销。

【主要特征特性】在南宁种植，株型匍匐，顶芽和顶叶为黄绿色，成叶绿色；顶叶和成叶形状均为尖心形；叶脉、叶脉基部、叶柄、叶柄基部和茎均为绿色；叶片大小为 100.8cm^2，节间长 5.7cm，茎直径为 5.1mm，基部分枝 13.8 条，最长蔓长 123.0cm，中蔓型；薯形纺锤形，薯皮主色为白色、次色为浅黄色，薯肉浅黄色；产量约为 27 900kg/hm^2，干物率为 29.0%。

【利用价值】该种质藤蔓生长势强，可作为改良藤蔓长势的亲本材料。生产上鲜食或饲用，属于食饲兼用型甘薯。

20. 那坡红皮黄心薯

【采集地】广西百色市那坡县百合乡那化村。

【当地种植情况】在当地少量种植，农户自行留种、自产自销。

【主要特征特性】在南宁种植，株型匍匐，顶芽和顶叶均为绿色，少数为褐绿色，成叶绿色或绿带褐色；顶叶和成叶形状均为肾齿形；叶脉、叶脉基部、叶柄绿色，叶柄基部绿带褐色，茎

主色为绿色、次色为褐色（分布在被阳光长期照射的茎间）；叶片大小为59.0cm^2，节间长3.3cm，茎直径为5.1mm，基部分枝4.4条，最长蔓长66.2cm，中蔓型；薯形纺锤形，薯皮红色，薯肉黄色；产量一般为25 500~31 500kg/hm^2，干物率为29.0%。

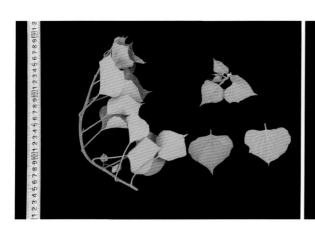
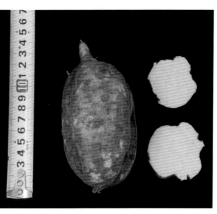

【**利用价值**】该种质食味好，藤蔓中蔓，可作为食用型甘薯新品种选育及改良长蔓型甘薯的亲本材料。生产上主要鲜食，少量饲用，属于食饲兼用型甘薯。

21. 三江红皮黄心薯

【**采集地**】广西桂林市恭城瑶族自治县三江乡大地村大寨屯。

【**当地种植情况**】在当地零星种植，农户自行留种、自产自销。

【**主要特征特性**】在南宁种植，株型匍匐，顶芽和顶叶黄绿色，成叶绿色；顶叶和成叶形状均为尖心形带齿；叶脉绿色，叶脉基部紫色，叶柄、叶柄基部及茎均为绿色；叶片大小为196.3cm²，节间长3.4cm，茎直径为7.0mm，基部分枝9.4条，最长蔓长160.0cm，长蔓型；薯形纺锤形，薯皮红色，薯肉黄色；产量潜力较高，一般为33 000～49 500kg/hm²，干物率为26.8%。

【**利用价值**】该种质产量较高，可作为选育高产甘薯新品种的亲本材料。生产上主要食用或饲用，属于食饲兼用型甘薯。

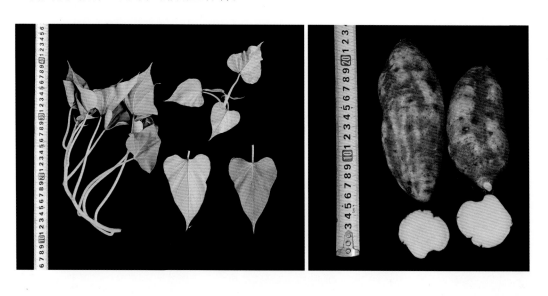

22. 灌阳东流红皮红薯

【**采集地**】广西桂林市灌阳县水车乡东流村东流屯。

【**当地种植情况**】在当地少量种植，农户自行留种、自产自销。

【主要特征特性】在南宁种植，株型匍匐，顶芽黄绿色带浅紫色，顶叶黄绿色，成叶绿色；顶叶和成叶形状均为尖心形；叶脉和叶脉基部为紫色，叶柄绿带紫色，叶柄基部紫色，茎主色为绿色、次色为紫色（分布在茎节部）；叶片大小为 143.3cm^2，节间长 5.2cm，茎直径为 5.1mm，基部分枝 6.4 条，最长蔓长 89.0cm，中蔓型；薯形纺锤形，薯皮红色，薯肉黄色；产量较低，一般为 9000～15 000kg/hm^2，干物率为 21.8%。

【利用价值】该种质食味好，藤蔓中蔓，可作为食用型甘薯新品种选育及改良长蔓型甘薯的亲本材料。生产上主要鲜食，少量饲用，属于食饲兼用型甘薯。

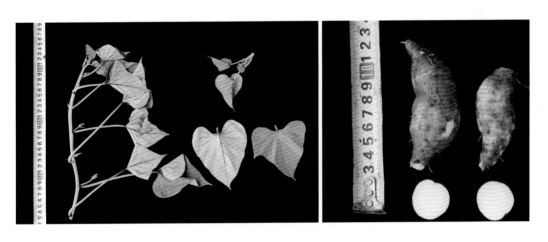

23. 灌阳新村红皮薯

【采集地】广西桂林市灌阳县文市镇北流村新村屯。

【当地种植情况】在当地少量种植，农户自行留种、自产自销。

【主要特征特性】在南宁种植，株型匍匐，顶芽和顶叶均为紫色，成叶绿色；顶叶和成叶形状均为浅裂复缺刻形；叶脉和叶脉基部为紫色，叶柄绿带紫色，叶柄基部紫色，茎主色为绿色、次色为紫色（分布在茎节部）；叶片大小为 115.0cm^2，节间长 3.1cm，茎直径为 3.1mm，

基部分枝 12.0 条，最长蔓长 122.0cm，中蔓型；薯形纺锤形，薯皮红色，薯肉黄色；产量一般为 21 000～36 000kg/hm²，干物率为 22.7%。

【利用价值】该种质食味好，藤蔓中蔓，可作为食用型甘薯新品种选育及改良长蔓型甘薯的亲本材料。生产上主要鲜食，少量饲用，属于食用型甘薯。

24. 资源南瓜红薯

【采集地】广西桂林市资源县梅溪乡铜座村老屋坪屯。

【当地种植情况】在当地少量种植，农户自行留种、自产自销。

【主要特征特性】在南宁种植，株型匍匐，顶芽黄绿色带褐边，顶叶黄绿色或褐绿色，成叶绿带褐边；顶叶和成叶形状均为心形；叶脉浅紫色，叶

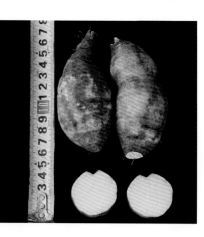

脉基部紫色，叶柄绿色，叶柄基部紫色，茎主色为绿色、次色为紫色（分布在茎节部）；叶片大小为113.4cm²，节间长3.4cm，茎直径为3.8mm，基部分枝7.3条，最长蔓长142.3cm，长蔓型；薯形纺锤形，薯皮红色，薯肉黄色；产量潜力较高，一般为27 000～49 500kg/hm²，干物率为28.5%。

【利用价值】该种质食味好，可作为食用型甘薯新品种选育的亲本材料。生产上主要鲜食，少量饲用，属于食用型甘薯。

25. 凌云红皮红薯

【采集地】广西百色市凌云县玉洪瑶族乡九江村九江屯。

【当地种植情况】在当地零星种植，农户自行留种、自产自销。

【主要特征特性】在南宁种植，株型匍匐，顶芽黄绿色带褐边，顶叶黄绿色带褐色，成叶绿色；顶叶和成叶形状均为心齿形；叶脉和叶脉基部紫色，叶柄绿带紫色，叶柄基部紫色，茎主色为绿色、次色为紫色（分布在茎节部）；叶片大小为101.7cm²，节间长3.9cm，茎直径为5.4mm，基部分枝13.5条，最长蔓长161.5cm，长蔓型；薯形长纺锤形，薯皮红色，薯肉主色为黄色、次色为浅紫色（外环分布）；产量一般为19 500～27 000kg/hm²，干物率为25.5%。

【利用价值】该种质藤蔓生长势强，可作为改良藤蔓长势的亲本材料。生产上主要食用或饲用，属于食饲兼用型甘薯。

26. 凭祥红皮浅黄心薯

【采集地】广西崇左市凭祥市上石镇浦东村浦东屯。

【当地种植情况】在当地零星种植，农户自行留种、自产自销。

【主要特征特性】在南宁种植，株型匍匐，顶芽黄绿色带褐色，顶叶黄绿色或黄绿色带褐色，成叶绿色；顶叶和成叶形状均为浅裂复缺刻形或心形带齿；叶脉浅紫色，叶脉基部紫色，叶柄绿带紫色，叶柄基部紫色，茎主色为绿色、次色为紫色（分布在茎节部）；叶片大小为58.1cm^2，节间长2.6cm，茎直径为3.2mm，基部分枝5.4条，最长蔓长203.4cm，长蔓型；薯形短纺锤形，薯皮红色，薯肉浅黄色；产量一般为18 000～24 000kg/hm^2，干物率为20.3%。

【利用价值】该种质藤蔓生长势强，可作为改良藤蔓长势的亲本材料。生产上主要食用或饲用，属于食饲兼用型甘薯。

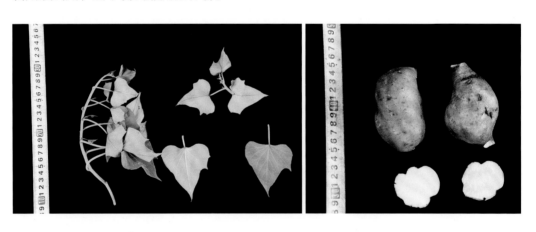

27. 柳城红皮黄心薯

【采集地】广西柳州市柳城县大埔镇。

【当地种植情况】在当地零星种植，农户自行留种、自产自销。

【主要特征特性】在南宁种植，株型匍匐，顶芽和顶叶黄绿色，成叶绿色；顶叶和成叶形状均为心齿形或心形；叶脉和叶脉基部紫色，叶柄绿带紫色，叶柄基部紫色，茎主色为绿色、次色为紫色（分布在茎节部）；叶片大小为141.1cm^2，节间长5.1cm，茎直径为 6.4mm，基部分枝 7.2 条，最长蔓长 209.4cm，长蔓型；薯形纺锤形，薯皮主色为红色、次色为黄色，薯肉主色为黄色、次色为浅紫色（外环分布）；产量一般为 18 750～25 500kg/hm²，干物率为 32.1%。

【利用价值】该种质干物率高，藤蔓生长势强，可作为高淀粉甘薯品种选育及改良藤蔓长势的亲本材料。生产上主要食用或饲用，属于食饲兼用型甘薯。

28. 恭城挖沟红皮红薯

【采集地】广西桂林市恭城瑶族自治县西岭镇挖沟鱼田村。

【当地种植情况】在当地少量种植，农户自行留种、自产自销。

【主要特征特性】在南宁种植，株型匍匐，顶芽和顶叶均为紫色，成叶绿色；顶叶和成叶形状均为深裂复缺刻形；叶脉、叶脉基部、叶柄、叶柄基部和茎均为绿色；叶片大小为 167.4cm²，

节间长 3.5cm，茎直径为 6.4mm，基部分枝 7.0 条，最长蔓长 98.0cm，中蔓型；薯形纺锤

形，薯皮红色，薯肉橘红色；产量一般为 22 500～28 500kg/hm²，干物率为 24.2%。

【利用价值】该种质食味好，藤蔓中蔓，可作为食用型甘薯新品种选育及改良长蔓型甘薯的亲本材料。生产上主要用于鲜食或加工甘薯薯脯，少量饲用，属于食用型及薯脯加工型甘薯。

29. 融水偏连红薯

【采集地】广西柳州市融水苗族自治县融水镇罗龙村偏连屯。

【当地种植情况】在当地少量种植，农户自行留种、自产自销。

【主要特征特性】在南宁种植，株型匍匐，顶芽和顶叶黄绿色，成叶绿色；叶脉、叶脉基部、叶柄、叶柄基部和茎均为绿色；叶片大小为 88.1cm²，

节间长 2.0cm，茎直径为 3.5mm，基部分枝 5.0 条，最长蔓长 105.0cm，中蔓型；薯形纺锤形，薯皮红色，薯肉主色为橘红色、次色为黄色（斑点状分布）；产量一般为 21 000～27 750kg/hm²，干物率为 27.6%。

【利用价值】该种质食味好，藤蔓中蔓，可作为食用型甘薯新品种选育及改良长蔓型甘薯的亲本材料。生产上主要用于鲜食或甘薯薯脯加工，少量饲用，属于食用型甘薯品种。

30. 柳城红皮橘红心薯

【采集地】广西柳州市柳城县大埔镇木桐村老都六屯。

【当地种植情况】在当地少量种植，农户自行留种、自产自销。

【主要特征特性】在南宁种植，株型匍匐，顶芽和顶叶均为紫色，成叶绿色；顶叶和成叶形状均为深裂复缺刻形；叶脉、叶脉基部、叶柄、叶柄基部和茎均为绿色；叶片大小为 163.8cm²，

节间长 4cm，茎直径为 5.1mm，基部分枝 6.3 条，最长蔓长 98.5cm，中蔓型；薯形长纺锤形，薯皮红色，薯肉主色为橘红色、次色为橘黄色（在薯肉中心呈斑点状分布）；产量一般为 15 000～22 500kg/hm²，干物率为 22.1%。

【利用价值】该种质食味好，藤蔓中蔓，可作为食用型甘薯新品种选育及改良长蔓型甘薯的亲本材料。生产上主要用于鲜食或加工甘薯薯脯，少量饲用，属于食用型甘薯。

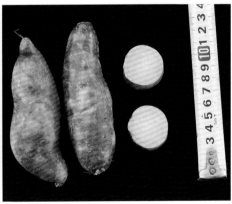

31. 天等红皮橘红心薯

【采集地】广西崇左市天等县。

【当地种植情况】在当地有少量种植，农户自行留种、自产自销。

【主要特征特性】在南宁种植，株型匍匐，顶芽和顶叶均为紫色，成叶绿色；顶叶和成叶形状均为尖心齿形或尖心形；叶脉、叶脉基部、叶柄、叶柄基部和茎均为绿色；叶片大小为166.1cm²，节间长 3.7cm，茎直径为5.1mm，基部分枝 11.6 条，最长蔓长 95.6cm，中蔓型；薯形长纺锤形，薯皮红色，薯肉主色为橘红色、次色为橘黄色（外环分布）；产量一般为 21 000～31 500kg/hm²，干物率为 24.3%。

【利用价值】该种质食味好，甜度高，藤蔓中蔓，可作为食用型甘薯新品种选育及改良长蔓型甘薯的亲本材料。生产上主要用于鲜食，少量饲用，属于食用型甘薯。

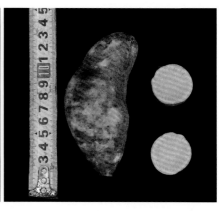

32. 合山黄心红薯

【采集地】广西来宾市合山市北泗镇云堡村。

【当地种植情况】当地各家各户均有少量种植，农户自行留种、自产自销。

【主要特征特性】在南宁种植，株型匍匐，顶芽黄绿色带褐色，顶叶黄绿色或褐绿色，成叶绿色；顶叶和成叶形状均为浅裂复缺刻形；叶脉浅紫色，叶脉基部紫色，叶柄绿色，叶柄基部紫色，茎主色为绿色、次色为紫色（分布在茎节部）；叶片大小为 93.6cm²，节间长 2.6cm，茎直径为 4.6mm，基部分枝 6.3 条，最长蔓长 86.5cm，中蔓型；薯形纺锤形，薯皮紫红色，薯肉主色为橘黄色、次色为橘红色（外环分布）；产量一般为 22 500～30 000kg/hm²，干物率为 24.1%。

【利用价值】该种质食味品质佳，株型好，中蔓型，可作为食用型甘薯新品种选育及改良长蔓型甘薯的亲本材料。生产上主要食用，少量饲用，属于食用型甘薯。

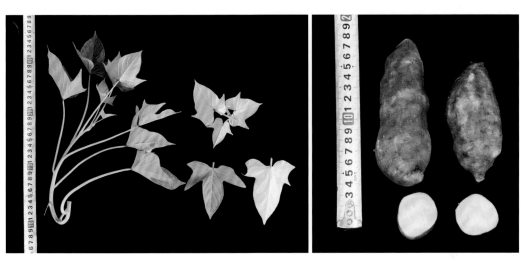

33. 荔浦红皮黄心红薯

【采集地】广西桂林市荔浦市新坪镇桂东村白面屯。

【当地种植情况】在当地少量种植，农户自行留种、自产自销。

【主要特征特性】在南宁种植，株型匍匐，顶芽和顶叶均为紫色，成叶绿色或绿带褐色；顶叶和成叶形状均为深裂复缺刻形；叶脉浅紫色，叶脉基部紫色，叶柄绿色，叶柄基部紫色，茎主色

为绿色、次色为紫色（分布在茎节部）；叶片大小为 175.2cm²，节间长 3.2cm，茎直径为 5.4mm，基部分枝 6.1 条，最长蔓长 132.6cm，中蔓型；薯形纺锤形，薯皮红色，薯

肉主色为浅橘红色、次色为黄色（中心分布）；产量一般为 19 500~31 500kg/hm²，干物率约为 27.4%。

【利用价值】该种质食味好，可作为食用型甘薯新品种选育的亲本材料。生产上主要鲜食，少量饲用，属于食用型甘薯。

34. 凭祥上石红薯

【采集地】广西崇左市凭祥市上石镇上石村七队。

【当地种植情况】在当地少量种植，农户自行留种、自产自销。

【主要特征特性】在南宁种植，株型匍匐，顶芽和顶叶为黄绿色，成叶绿色；顶叶和成叶形状均为深裂复缺刻形；叶脉绿色，叶脉基部紫色，叶柄绿色，叶柄基部紫色，茎主色为绿色、次色为紫色（分布在茎节部和基部）；叶片大小为 150.7cm²，节间长 2.9cm，茎直径为 5.1mm，基部分枝 12.0 条，最长蔓长 120.0cm，中蔓型；薯形纺锤形或短纺锤形，薯皮红色，薯肉浅黄色；该种质产量潜力较高，一般为 27 000~46 500kg/hm²，干物率为 19.7%。

【利用价值】该种质产量较高，可作为高产甘薯新品种选育的亲本材料。生产上主要食用或饲用，属于食饲兼用型甘薯。

35. 恭城毛塘红皮红薯

【**采集地**】广西桂林市恭城瑶族自治县三江乡三联村毛塘屯。

【**当地种植情况**】在当地各家各户少量种植，农户自行留种、自产自销。

【**主要特征特性**】在南宁种植，株型匍匐，顶芽黄绿色，顶叶黄绿色或褐绿色，成叶绿色；顶叶和成叶形状均为心形；叶脉浅紫色，叶脉基部紫色，叶柄绿色，叶柄基部浅紫色，茎主色为绿

色、次色为浅紫色（分布在茎节部）；叶片大小为181.8cm²，节间长3.2cm，茎直径为7.6mm，基部分枝9.8条，最长蔓长171.8cm，长蔓型；薯形短纺锤形，薯皮红色，薯

肉浅黄色；该种质产量潜力高，一般为 33 000～49 500kg/hm²，干物率为 21.3%。

【利用价值】该种质产量较高，可作为高产甘薯新品种选育的亲本材料。生产上主要饲用或食用，属于食饲兼用型甘薯。

36. 岑溪红皮浅黄心薯

【采集地】广西梧州市岑溪市岑城镇上奇村。

【当地种植情况】在当地零星种植，农户自行留种、自产自销。

【主要特征特性】在南宁种植，株型匍匐，顶芽和顶叶均为褐色，成叶绿色；顶叶和成叶形状均为心形或心形带齿；叶脉绿色，叶脉基部浅紫色，叶柄、叶柄基部和茎均为绿色；叶片大小为 104.7cm²，节间长 3.5cm，茎直径为 3.9mm，基部分枝 7.0 条，最长蔓长 240.0cm，长蔓型；薯形纺锤形，薯皮红色，薯肉主色为浅黄色、次色为浅橘黄色（外环分布）；产量潜力高，一般为 27 000～45 000kg/hm²，干物率为 23.5%。

【利用价值】该种质产量高，可作为高产甘薯新品种选育的亲本材料。生产上主要饲用或食用，属于食饲兼用型甘薯。

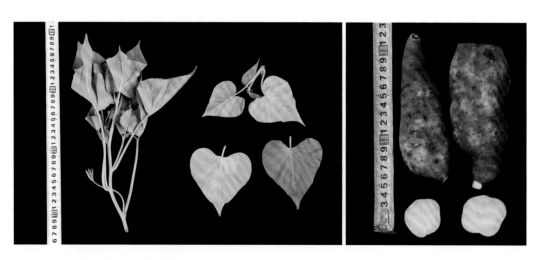

37. 平果红皮浅黄心薯 1

【采集地】广西百色市平果市旧城镇庆兰村达兰屯。

【当地种植情况】在当地零星种植，农户自行留种、自产自销。

【主要特征特性】在南宁种植，株型匍匐，顶芽黄绿色，顶叶黄绿色或褐绿色，成叶绿色；顶叶和成叶形状均为心形带齿；叶脉浅紫色，叶脉基部紫色，叶柄绿色，叶柄基部紫色，茎主色为绿色、次色为紫色（分布在茎节部）；叶片大小为83.2cm²，节间长5.5cm，茎直径为4.6mm，基部分枝5.8条，最长蔓长220.0cm，长蔓型；薯形纺锤形，薯皮浅红色，薯肉浅黄色；产量一般为15 000～22 500kg/hm²，干物率为24.7%。

【利用价值】该种质藤蔓生长势强，可作为改良藤蔓长势的亲本材料。生产上主要食用或饲用，属于食饲兼用型甘薯。

38. 平果红皮浅黄心薯 2

【采集地】广西百色市平果市旧城镇庆兰村达兰屯。

【当地种植情况】在当地零星种植，农户自行留种、自产自销。

【主要特征特性】在南宁种植，株型匍匐，顶芽和顶叶均为褐绿色，成叶绿色；顶叶和成叶形状均为心齿形；叶脉浅紫色，叶脉基部紫色，叶柄绿色，叶柄基部紫色，茎主色为绿色、次色为紫

色（分布在茎节部）；叶片大小为 45.1cm^2，节间长 4.5cm，茎直径为 2.5mm，基部分枝 7.4 条，最长蔓长 251.6cm，特长蔓型；薯形短纺锤形，薯皮红色，薯肉浅黄色；产量一般为 24 000～33 000kg/hm^2，干物率为 19.1%。

【利用价值】该种质产量较高，可作为高产甘薯品种选育的亲本材料。生产上主要食用或饲用，属于食饲兼用型甘薯。

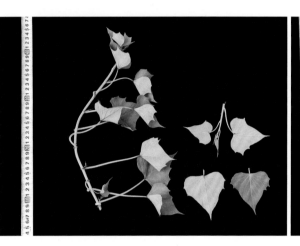

39. 红二八三

【采集地】广西桂林市灌阳县文市镇同仁村宅首屯。

【当地种植情况】在当地为主栽培品种，各家各户均有种植，农户自行留种、自产自销。

【主要特征特性】在南宁种植，株型匍匐，顶芽黄绿色或褐绿色，顶叶黄绿色带褐边，成叶绿色；顶叶和成叶形状均为心形带齿；叶脉、叶脉基部、叶柄、叶柄基部和茎均为绿色；叶片大小为 136.2cm^2，节间长 4.0cm，茎直径为 5.4mm，基部分枝 9.7 条，最长蔓长 167.7cm，长蔓型；薯形纺锤形或短纺锤形，薯皮红色，薯肉浅黄色；产量潜力较高，一般为 27 000～45 000kg/hm^2，干物率为 24.2%。

【利用价值】该种质产量较高，食味好，甜度高，可作为高产及食用型甘薯新品种选育的亲本材料。生产上主要食用，少量饲用，属于食饲兼用型甘薯。

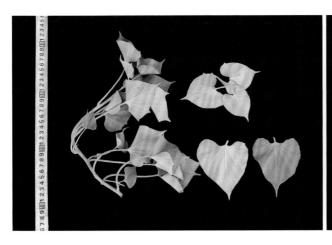 

40. 槟榔薯

【采集地】广西桂林市资源县资源镇石溪头村白石界屯。

【当地种植情况】广西各地甘薯种植区均有种植，农户自行留种、自产自销。

【主要特征特性】在南宁种植，株型匍匐，顶芽和顶叶均为紫色，成叶绿色；顶叶和成叶形状均为心形带齿；叶脉和叶脉基部紫色，叶柄绿带紫色，叶柄基部紫色，茎主色为紫色、次色为绿

色（分布在茎尖）；叶片大小为 88.6cm^2，节间长 2.6cm，茎直径为 4.8mm，基部分枝 4.9 条，最长蔓长 127.3cm，中蔓型；薯形纺锤形，薯皮红色，薯肉主色为紫色、次色为白色（中心斑点状分布）；产量一般为 18 000～27 000kg/hm^2，干物率为 33.4%。

【利用价值】该种质较耐旱，食味好，可作为食用型甘薯新品种选育的亲本材料。生产上主要用于鲜食或甘薯粉丝加工，少量饲用，属于食用型甘薯。

41. 凭祥红皮紫花心薯

【采集地】广西崇左市凭祥市友谊镇礼茶村曙光屯。

【当地种植情况】在当地少量种植，农户自行留种、自产自销。

【主要特征特性】在南宁种植，株型匍匐，顶芽黄绿色带紫色，顶叶黄绿色，成叶绿色；顶叶和成叶形状均为深裂复缺刻形；叶脉和叶脉基部为紫色，叶柄绿带紫色，叶柄基部紫色，茎主色为绿色、次色为紫色（分布在茎节部）；叶片大小为 127.6cm²，节间长 2.5cm，茎直径为 5.5mm，基部分枝 6.6 条，最长蔓长 86.4cm，中蔓型；薯形纺锤形，薯皮红色，薯肉主色为浅紫色、次色为白色（中心斑点状分布）；产量较低，一般为 15 000～22 500kg/hm²，干物率为 31.2%。

【利用价值】该种质食味好，藤蔓中蔓，可作为食用型甘薯新品种选育及改良长蔓型甘薯的亲本材料。生产上主要食用，少量饲用，属于食用型甘薯。

42. 恭城毛塘红皮紫薯

【采集地】广西桂林市恭城瑶族自治县三江乡三联村毛塘屯。

【当地种植情况】在当地零星种植，农户自行留种、自产自销。

【主要特征特性】在南宁种植，株型匍匐，顶芽和顶叶黄绿色，成叶绿色；顶叶和成叶形状均为浅裂复缺刻形；叶脉和叶脉基部紫色，叶柄绿带紫色，叶柄基部紫色，茎主色为绿色、次色为紫色（分布在茎节部及茎基部）；叶片大小为147.7cm²，节间长5.2cm，茎直径为5.7mm，基部分枝7.0条，最长蔓长87.8cm，中蔓型；薯形纺锤形，薯皮红色，薯肉主色为浅紫色、次色为黄色（斑点状分布）；产量一般为18 000～27 000kg/hm²，干物率为27.3%。

【利用价值】该种质食味好，藤蔓中蔓，可作为食用型甘薯新品种选育及改良长蔓型甘薯的亲本材料。生产上主要鲜食，少量饲用，属于食用型甘薯。

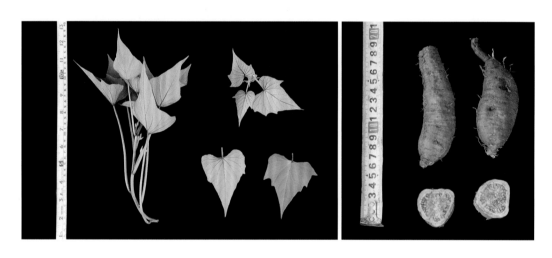

43. 融安紫皮花心薯

【采集地】广西柳州市融安县桥板乡古丹村拉会屯。

【当地种植情况】在当地少量种植，农户自行留种、自产自销。

【主要特征特性】在南宁种植，株型半直立，顶芽黄绿色带紫色，顶叶黄绿色，成叶绿色；顶叶和成叶形状均为深裂复缺刻形；叶脉和叶脉基部紫色，叶柄绿带紫色，叶柄基部紫色，

茎主色为绿色、次色为紫色（分布在茎节部及被阳光长期照射的茎间）；叶片大小为126.8cm²，节间长2.0cm，茎直径为5.1mm，基部分枝4.6条，最长蔓长46.4cm，短蔓型；薯形纺锤形，薯皮红色，薯肉主色为紫色、次色为黄色（外环分布）；产量较低，一般为9000～18 000kg/hm²，干物率为36.1%。

【利用价值】该种质食味好，干物率高，藤蔓短蔓，可作为食用型、淀粉型甘薯新品种选育及改良长蔓型甘薯的亲本材料。生产上主要鲜食，少量饲用，属于食用型甘薯。

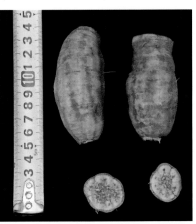

44. 三江浅紫皮花心薯

【采集地】广西柳州市三江侗族自治县和平乡大寨村大寨屯。

【当地种植情况】在当地少量种植，农户自行留种、自产自销。

【主要特征特性】在南宁种植，株型匍匐，顶芽和顶叶黄绿色，成叶绿色；顶叶和成叶形状均为深裂复缺刻形；叶脉和叶脉基部紫色，叶柄绿色，叶柄基部紫色，茎主色为绿色、次色为紫色（分布在茎节部及茎基部）；叶片大小为152.3cm²，节间长2.2cm，茎直径为5.1mm，基部分枝7.6条，最长蔓长76.2cm，中蔓型；薯形纺锤形，薯皮主色为红色、次色为黄色，薯肉主色为浅紫色、次色为白色（中心斑点状分布）；产量一般为22 500～31 500kg/hm²，干物率为30.2%。

【利用价值】该种质食味好，干物率高，藤蔓中蔓，可作为食用型、淀粉型甘薯新品种选育及改良长蔓型甘薯的亲本材料。生产上主要鲜食，少量饲用，属于食用型甘薯。

45. 荔浦花心薯

【采集地】广西桂林市荔浦市蒲芦瑶族乡甲板村芦家屯。

【当地种植情况】在当地少量种植，农户自行留种、自产自销。

【主要特征特性】在南宁种植，株型半直立，顶芽和顶叶均为紫色，成叶绿色；顶叶和成叶形状均为深裂复缺刻形；叶脉和叶脉基部紫色，叶柄紫带绿色，叶柄基部紫色，茎主色为紫色、次

色为绿色（分布在茎尖）；叶片大小为122.2cm^2，节间长1.9cm，茎直径为4.9mm，基部分枝6.8条，最长蔓长51.1cm，短蔓型；薯形纺锤形，薯皮红色，薯肉主色为浅紫色、次色为黄色（外环分布）；产量较低，一般为7500～11 250kg/hm^2，干物率为29.6%。

【利用价值】该种质藤蔓短蔓，可作为改良长蔓型甘薯的亲本材料。生产上主要鲜食和作为饲料，属于食饲兼用型甘薯。

46. 那坡龙合红薯

【采集地】广西百色市那坡县龙合镇共合村旦鲁屯。

【当地种植情况】在当地少量种植，农户自行留种、自产自销。

【主要特征特性】在南宁种植，株型匍匐，顶芽和顶叶均为绿带褐色，成叶绿色；顶叶和成叶形状均为浅裂复缺刻形；叶脉浅紫色，叶脉基部紫色，叶柄绿色，叶柄基部紫色，茎主色为绿色、次色为紫色（分布在茎节部）、叶片大小为 65.5cm²，节间长 3.9cm，茎直径为 3.9mm，基部分枝 5.2 条，最长蔓长 72.0cm，中蔓型；薯形纺锤形，薯皮主色为红色、次色为黄色，薯肉浅黄色；产量较低，一般为 12 000～21 000kg/hm²，干物率为 25.3%。

【利用价值】该种质食味好，藤蔓中蔓，可作为食用型甘薯新品种选育及改良长蔓型甘薯的亲本材料。生产上主要饲用或食用，属于食饲兼用型甘薯。

47. 融水本地红皮黄心薯

【采集地】广西柳州市融水苗族自治县红水乡振民村振民屯。

【当地种植情况】在当地少量种植，农户自行留种、自产自销。

【主要特征特性】在南宁种植，株型匍匐，顶芽黄绿色带褐色，顶叶黄绿色，成叶绿色；顶叶和成叶形状均为浅裂复缺刻形；叶脉、叶脉基部、叶柄、叶柄基部和茎均为绿色；叶片大小为77.3cm²，节间长2.1cm，茎直径为4.9mm，基部分枝9.4条，最长蔓长61.6cm，中蔓型；薯形中长纺锤形，薯皮主色为红色、次色为黄色，薯肉主色

为浅黄色、次色为浅橘黄色（斑点状分布）；产量较低，一般为12 000～18 750kg/hm²，干物率为31.9%。

【利用价值】该种质干物率高，藤蔓中蔓，可作为淀粉型甘薯新品种选育及改良长蔓型甘薯的亲本材料。生产上主要饲用或食用，属于食饲兼用型甘薯。

48. 资源红皮浅黄心薯

【采集地】广西桂林市资源县梅溪乡大坨村。

【当地种植情况】在当地零星种植，农户自行留种、自产自销。

【主要特征特性】在南宁种植，株型匍匐，顶芽和顶叶黄绿色，成叶绿色；顶叶和成叶形状均为心形带齿或心形；叶脉和叶脉基部紫色，叶柄绿色，叶柄基部紫色，茎主色为绿色、次

色为紫色（分布在茎节部及茎基部）；叶片大小为 159.0cm^2，节间长 5.3cm，茎直径为 6.2mm，基部分枝 11.2 条，最长蔓长 190.6cm，长蔓型；薯形长纺锤形或纺锤形，薯皮主色为红色、次色为黄色，薯肉主色为浅黄色、次色为白色（斑点状分布）；产量潜力高，可达 33 000～45 000kg/hm^2，干物率为 29.7%。

【利用价值】该种质产量高，可作为高产甘薯新品种选育的亲本材料。生产上主要食用或饲用，属于食饲兼用型甘薯。

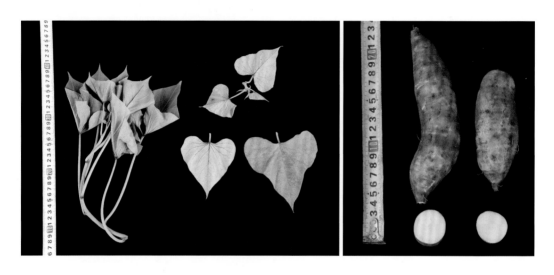

49. 宁明海渊叶菜薯

【采集地】广西崇左市宁明县海渊镇北岩村崎州屯。

【当地种植情况】当地各家各户均有少量种植，农户自行留种、自产自销。

【主要特征特性】在南宁种植，株型匍匐，顶芽和顶叶黄绿色，成叶绿色；顶叶和成叶形状均为深裂复缺刻形；叶脉、叶脉基部、叶柄、叶柄基部和茎均为绿色；叶片大小为 143.7cm^2，节间长 2.2cm，茎直径为 5.2mm，基部分枝 5.8 条，最长蔓长 111.4cm，中蔓型；薯形中长纺锤形，薯皮主色为浅红色、次色为黄色，薯肉主色为黄色、次色为浅橘黄色（外环分布）；茎尖及嫩叶的产量一般为 27 000～37 500kg/hm^2，薯块产量为 15 000～24 000kg/hm^2，干物率为 26.4%。

【利用价值】该种质茎尖脆嫩，茎端无绒毛，符合叶菜型甘薯的特征，可作为叶菜专用型甘薯品种选育的亲本材料。生产上主要采摘茎尖和嫩叶作为蔬菜食用，少量饲用，属于叶菜专用型甘薯。

50. 恭城南瓜薯

【采集地】广西桂林市恭城瑶族自治县三江乡大地村大寨屯。

【当地种植情况】当地各家各户均有少量种植，农户自行留种、自产自销。

【主要特征特性】在南宁种植，株型匍匐，顶芽和顶叶黄绿色，成叶绿色；顶叶和成叶形状均为心形或心形带齿；叶脉和叶脉基部紫色，叶柄绿带紫色，叶柄基部紫色，

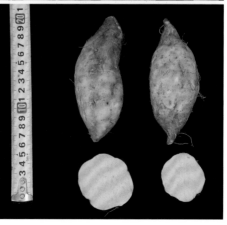

茎主色为绿色、次色为紫色（分布在茎节部）；叶片大小为110.1cm²，节间长3.6cm，茎直径为5.5mm，基部分枝5.9条，最长蔓长150.5cm，长蔓型；薯形纺锤形，薯皮主色为浅红色、次色为黄色，薯肉主色为黄色、次色为橘黄色（斑点状分布）；产量一般为27 000～37 500kg/hm²，干物率为25.4%。

【利用价值】该种质食味好，藤蔓长蔓，可作为食用型甘薯新品种选育的亲本材料。生产上主要食用或用于薯脯加工，少量饲用，属于食用型甘薯。

51. 胜利白红薯

【采集地】广西桂林市灌阳县灌阳镇秀凤村。

【当地种植情况】在当地零星种植，农户自行留种、自产自销。

【主要特征特性】在南宁种植，株型匍匐，顶芽绿带褐色，顶叶褐绿色，成叶深绿色；顶叶和成叶形状均为浅裂单缺刻形或心形；叶脉浅紫色，叶脉基部紫色，叶柄紫带绿色，叶柄基部紫色，茎主色为紫色、次色为黄绿色（分布在茎尖）；叶片大小为127.1cm²，节间长4.4cm，茎直径为4.7mm，基部分枝6.0条，最长蔓长123.9cm，中蔓型；薯形短纺锤形或球形，薯皮主色为淡红色、次色为黄色，薯肉黄色；产量潜力较高，一般可达30 000～45 000kg/hm²，干物率为25.2%。

【利用价值】该种质产量高，可作为高产甘薯品种选育的亲本材料。生产上主要食用及加工甘薯粉丝，少量饲用，属于食饲兼用型甘薯。

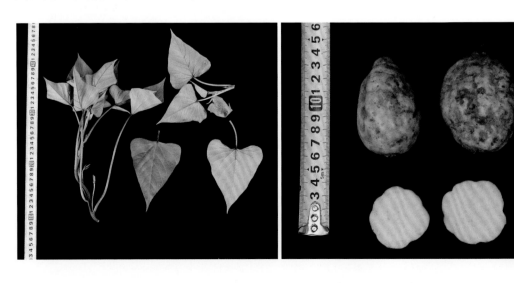

52. 灌阳西山红薯

【采集地】广西桂林市灌阳县西山瑶族乡鹰嘴村。

【当地种植情况】在当地零星种植，农户自行留种、自产自销。

【主要特征特性】在南宁种植，株型匍匐，顶芽和顶叶均为黄绿色或带褐色，成叶绿色；顶叶和成叶形状均为心形；叶脉浅紫色，叶脉基部紫色，叶柄绿带紫色，叶柄基部褐紫色，茎主色为绿色、次色为褐紫色（分布在茎节部）；叶片大小为 79.9cm²，节间长 3.6cm，茎直径为 3.8mm，基部分枝 8.4 条，最长蔓长 186.0cm，长蔓型；薯形纺锤形，薯皮红色，薯肉黄色；产量一般为 18 750～30 000kg/hm²，干物率为 28.2%。

【利用价值】该种质藤蔓长势强，可作为改良藤蔓长势的亲本材料。生产上主要食用或饲用，属于食饲兼用型甘薯。

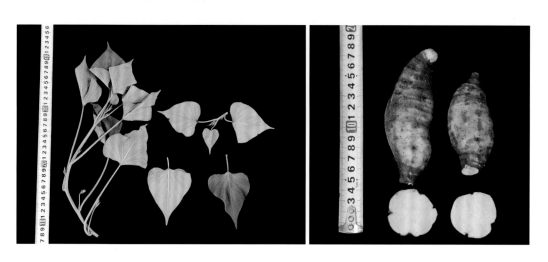

53. 姑娘薯

【采集地】广西防城港市东兴市东兴镇河洲村。

【当地种植情况】为当地主栽品种，据当地人介绍，由于薯皮红色、薯肉白色、薯形长纺锤形，似穿红裙的姑娘而得名。农户自行留种，生产商品薯出售。

【主要特征特性】在南宁种植，株型匍匐，顶芽和顶叶黄绿色，成叶绿色；顶叶和成叶形状均为尖心形带齿；叶脉浅紫色，叶脉基部紫色，叶柄绿色，叶柄基部浅紫色，

茎主色为绿色、次色为浅紫色（分布在茎节部）；叶片大小为 163.8cm²，节间长 3.8cm，茎直径为 5.1mm，基部分枝 9.8 条，最长蔓长 218.6cm，长蔓型；薯形长纺锤形，薯皮红色，薯肉白色；产量一般为 18 750～26 250kg/hm²，干物率为 33.2%。

【利用价值】该种质食味甜、粉、松，香味浓郁，口感非常好，干物率高，可作为食用型及淀粉型甘薯新品种选育的亲本材料。生产上主要鲜食，属于优质食用型甘薯。

54. 灌阳紫叶薯

【采集地】广西桂林市灌阳县灌阳镇沙罗源村。

【当地种植情况】在当地少量种植，农户自行留种、自产自销。

【主要特征特性】在南宁种植，株型匍匐，顶芽绿带紫色，顶叶黄绿色或黄绿色带褐色，成叶褐绿色，叶背全紫色；顶叶和成叶形状均为心形或心形带齿，叶脉、叶脉基部、叶柄和叶柄基部均为紫色，茎主色为紫色、次色为黄绿色（分布在茎尖）；叶片大小为 171.8cm²，基部分枝 8.6 条，节间长 5.8cm，茎直径为 7.3mm，最长蔓长 238.3cm，长蔓型；薯形纺锤形，薯皮主色为黄色、次色为浅红色，薯肉黄色。该品种叶菜产量高，可达 30 000～45 000kg/hm²，薯块产量较低，一般为 7500～11 250kg/hm²。

【利用价值】该种质叶片背面为紫色，富含花青素，颜色艳丽，可作为观赏型或叶菜专用型甘薯新品种选育的亲本材料。据当地村民介绍，每天适量食用，有辅助降血糖的功效，生产上主要采摘茎尖及嫩叶作为蔬菜食用，少量饲用，属于叶菜专用型甘薯。

55. 红皮浅黄心薯

【采集地】广西桂林市兴安县界首镇。

【当地种植情况】在当地少量种植，农户自行留种、自产自销。

【主要特征特性】在南宁种植，株型匍匐，顶芽和顶叶均为褐色，成叶绿色；顶叶形状为浅裂复缺刻形或心齿形，成叶形状为尖心形或浅裂复缺刻形；叶脉和叶脉基部紫色，叶柄绿色，

叶柄基部紫色，茎主色为绿色、次色为紫色（分布在茎节部）；叶片大小为 169.0cm²，节间长 3.4cm，茎直径为 6.4mm，基部分枝 11.2 条，最长蔓长 107.7cm，中蔓型；薯形纺锤形，薯皮红色，薯肉浅黄色；产量约为 26 250kg/hm²，干物率为 24.9%。

【利用价值】该种质株型好，中蔓型，可作为改良长蔓型甘薯的亲本材料。生产上主要鲜食和饲用，属于食饲兼用型甘薯。

56. 武鸣新度石红薯

【采集地】广西南宁市武鸣区。

【当地种植情况】在当地少量种植，农户自行留种、自产自销。

【主要特征特性】在南宁种植，株型匍匐，顶芽黄绿色带紫色，顶叶黄绿色，成叶绿色；顶叶和成叶形状均为深裂复缺刻形；叶脉和叶脉基部紫色，叶柄绿带紫色，叶柄基部紫色，茎主色为绿色、次色为紫色（分布在茎节部及被阳光长期照射的茎间）；叶片大小为 116.8cm²，节间长 3.3cm，茎直径为 4.1mm，基部分枝 6.8 条，最长蔓长 75.0cm，中蔓型；薯形纺锤形，薯皮主色为紫红色、次色为黄色，薯肉主色为紫色、次色为黄色（斑点状分布）；产量一般为 15 000～22 500kg/hm²，干物率为 31.2%。

【利用价值】该种质株型好，干物率高，可作为淀粉型甘薯新品种选育及改良长蔓型甘薯的亲本材料。生产上主要鲜食，少量饲用，属于食用型甘薯。

57. 紫叶薯

【采集地】广西南宁市江南区吴圩镇。

【当地种植情况】在当地零星种植，农户自行留种、自产自销。

【主要特征特性】在南宁种植，株型匍匐，顶芽黄绿色带紫色，顶叶黄绿色或黄绿色带褐色，成叶叶面紫色或褐色，叶背全紫色；顶叶和成叶形状均为尖心形；叶柄和叶柄基部紫色，茎主色为紫色、次色为绿色（分布在茎尖）；叶片大小为163.4cm^2，节间长4.4cm，茎直径为8.1mm，基部分枝10.7条，最长蔓长273.3cm，特长蔓型；薯形纺锤形，薯皮主色为黄色、次色为浅红色，薯肉浅黄色；薯块产量较低，一般为13 500～19 500kg/hm^2，干物率为23.7%。

【利用价值】该种质全株茎叶几乎紫色，富含花青素，颜色艳丽美观，可作为保健叶菜型及观赏型甘薯新品种选育的亲本材料。生产上主要采摘茎尖及嫩叶部分作为蔬菜食用，少量饲用，属于食饲兼用型甘薯。

58. 富川红皮黄心薯

【采集地】广西贺州市富川瑶族自治县。

【当地种植情况】在当地少量种植，农户自行留种、自产自销。

【主要特征特性】在南宁种植，株型半直立，顶芽和顶叶均为黄绿色带褐边，成叶绿色；顶叶和成叶形状均为深裂复缺刻形；叶脉绿色，叶脉基部浅褐色，叶柄、叶柄基部和茎均为绿色；叶片大小为 178.8cm²，节间长 3.3cm，茎直径为 5.9mm，基部分枝 16.5 条，最长蔓长 91.3cm，中蔓型；薯形纺锤形，薯皮红色，薯肉浅黄色；产量约为 22 950kg/hm²，干物率为 30.7%。

【利用价值】该种质干物率高，株型较好，中蔓型，可作为淀粉型甘薯新品种选育及改良长蔓型甘薯的亲本材料。生产上主要鲜食，少量饲用，属于食用型甘薯。

59. 罗城红皮黄心薯

【采集地】广西河池市罗城仫佬族自治县。

【当地种植情况】在当地少量种植，农户自行留种、自产自销。

【主要特征特性】在南宁种植，株型匍匐，顶芽和顶叶均为绿色带褐边，成叶绿色；顶叶和成叶形状均为深裂复缺刻形；叶脉和叶脉基部紫色，叶柄、叶柄基部和茎均为绿色；叶片大小为 70.8cm²，节间长 2.6cm，茎直径为 4.8mm，基部分枝 9.6 条，最长蔓长 103.9cm，中蔓型；薯形短纺锤形，薯皮红色，薯肉黄色；产量一般为 25 500～30 000kg/hm²，干物率为 26.7%。

【利用价值】该种质株型好，中蔓型，可作为改良长蔓型甘薯的亲本材料。生产上主要作为加工淀粉的原料，少量食用或饲用，属于食饲兼用型甘薯。

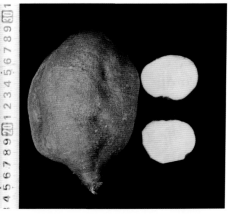

60. 百色红皮黄心薯

【采集地】广西百色市。

【当地种植情况】在当地零星种植，农户自行留种、自产自销。

【主要特征特性】在南宁种植，株型匍匐，顶芽和顶叶均为黄绿色或黄绿色带褐色，成叶绿色或绿带褐色；顶叶和成叶形状均为心形或肾齿形；叶脉、叶脉基部、叶柄、叶柄基部和茎均为绿

色;叶片大小为 63.7cm²,节间长 3.0cm,茎直径为 5.2mm,基部分枝 9.5 条,最长蔓长 249.7cm,特长蔓型;薯形短纺锤形,薯皮主色为红色、次色为黄色,薯肉黄色;产量潜力较高,约为 37 500kg/hm²,干物率为 29.0%。

【利用价值】该种质产量高,可作为高产甘薯新品种选育的亲本材料。生产上主要食用或饲用,属于食饲兼用型甘薯。

61. 武鸣紫红皮紫花心薯

【采集地】广西南宁市武鸣区。

【当地种植情况】在当地少量种植,农户自行留种、自产自销。

【主要特征特性】在南宁种植,株型匍匐,顶芽和顶叶均为黄绿色带褐边,成叶绿色;顶叶和成叶形状均为浅裂复缺刻形;叶脉和叶脉基部紫色,叶柄绿带紫色,叶柄基部紫色,茎主色为紫色、次色为绿色(分布在茎尖及部分茎间);叶片大小为 128.5cm²,节间长 3.1cm,茎直径为 6.1mm,基部分枝 14.3 条,最长蔓长 85.3cm,中蔓型;薯形纺锤形,薯皮紫红色,薯肉主色为紫色、次色为白色(中心斑点状分布);产量潜力高,一般为 33 000kg/hm² 左右,干物率为 25.0%。

【利用价值】该种质产量高,株型好,可作为高产甘薯新品种选育及改良长蔓型甘薯的亲本材料。生产上主要鲜食,少量饲用,属于食用型甘薯。

62. 东兴红皮黄心薯

【采集地】广西防城港市东兴市。

【当地种植情况】在当地少量种植,农户自行留种、自产自销。

【**主要特征特性**】在南宁种植，株型匍匐，顶芽黄绿色，顶叶黄绿色或褐绿色，成叶绿色；顶叶和成叶形状均为心齿形；叶脉、叶脉基部、叶柄和叶柄基部均为绿色，茎主色为绿色、次色为浅褐色（分布在被阳光长期照射的茎间）；叶片大小为109.9cm^2，节间长3.7cm，茎直径为7.2mm，基部分枝12.8条，最长蔓长139.3cm，中蔓型；

薯形纺锤形或弯曲形，薯皮红色，薯肉浅黄色；产量潜力较高，一般为30 300kg/hm^{2}左右，干物率为23.6%。

【**利用价值**】该种质产量高，可作为高产型甘薯新品种选育的亲本材料。生产上主要鲜食或饲用，属于食饲兼用型甘薯。

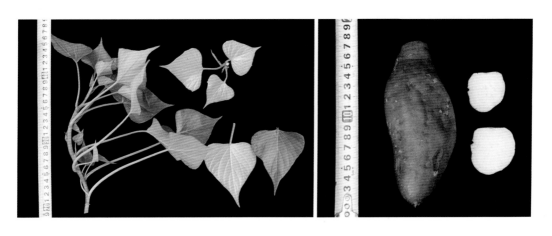

63. 北流红皮白心薯

【**采集地**】广西玉林市北流市。

【**当地种植情况**】在当地少量种植，农户自行留种、自产自销。

【**主要特征特性**】在南宁种植，株型匍匐，顶芽黄绿色，顶叶黄绿色或褐绿色，成叶绿色；顶叶和成叶形状均为浅裂复缺刻形或尖心形；叶脉、叶脉基部、叶柄、叶柄基部和茎均为绿色；叶片大小为81.9cm^2，节间长2.5cm，茎直

径为 4.5mm，基部分枝 12.3 条，最长蔓长 143.3cm，长蔓型；薯形短纺锤形，薯皮红色，薯肉白色；产量潜力较高，一般为 36 750kg/hm² 左右，干物率为 26.4%。

【利用价值】该种质产量高，可作为高产甘薯新品种选育的亲本材料。生产上主要鲜食，少量饲用，属于食用型甘薯。

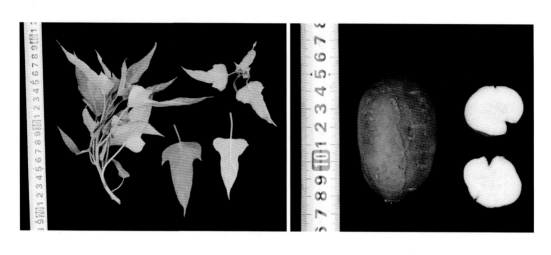

64. 合浦龙水红皮薯

【采集地】广西北海市合浦县山口镇。

【当地种植情况】在当地零星种植，农户自行留种、自产自销。

【主要特征特性】在南宁种植，株型匍匐，顶芽和顶叶均为黄绿色或褐绿色，成叶绿色；顶叶和成叶形状均为心形；叶脉和叶脉基部紫色，叶柄绿色，叶柄基部浅紫色，茎主色为绿色、次色

为浅紫色（分布在茎节部）；叶片大小为 126.0cm^2，节间长 2.6cm，茎直径为 5.5mm，基部分枝 20.0 条，最长蔓长 155.0cm，长蔓型；薯形纺锤形，薯皮红色，薯肉浅黄色；产量潜力高，一般为 33 000～45 000kg/hm^2，干物率为 24.5%。

【利用价值】该种质产量高，可作为高产甘薯新品种选育的亲本材料。生产上主要食用，少量饲用，属于食饲兼用型甘薯。

65.防城那湾红皮黄心薯

【采集地】广西防城港市防城区那湾村。

【当地种植情况】在当地少量种植，农户自行留种、自产自销。

【主要特征特性】在南宁种植，株型匍匐，顶芽和顶叶均为黄绿色，成叶绿色；顶叶和成叶形状均为心形；叶脉绿色，叶脉基部浅紫色，叶柄、叶柄基部和茎均为绿色；叶片大小为 119.8cm^2，节间长

2.7cm，茎直径为 4.2mm，基部分枝 8.2 条，最长蔓长 69.4cm，中蔓型；薯形纺锤形或短纺锤形，薯皮红色，薯肉浅黄色；产量一般为 15 000～22 500kg/hm^2，干物率为 28.5%。

【利用价值】该种质食味品质优，株型好，可作为食用型甘薯新品种选育及改良长蔓型甘薯的亲本材料。生产上主要鲜食，少量饲用，属于食用型甘薯。

66.钦州黄肉薯

【采集地】广西钦州市灵山县三隆镇金东村。

【当地种植情况】在当地少量种植，农户自行留种、自产自销。

【主要特征特性】在南宁种植，株型半直立，顶芽和顶叶均为紫色，成叶绿色；顶叶和成叶形状均为尖心形或浅裂单缺刻形；叶脉浅紫色，叶脉基部紫色，叶柄绿色，叶柄基部紫色，茎主色为绿色、次色为紫色（分布在茎节部）；叶片大小为 94.4cm^2，节间长 3.4cm，茎直径为 5.1mm，基部分枝 8.6 条，最长蔓长 68.6cm，中蔓型；薯形纺锤形，薯皮黄色，薯肉黄色；产量一般为 18 000～28 500kg/hm^2，干物率为 22.7%。

【利用价值】该种质食味软、甜，品质优，株型好，可作为食用型甘薯新品种选育及改良长蔓型甘薯的亲本材料。生产上主要鲜食，少量饲用，属于食用型甘薯。

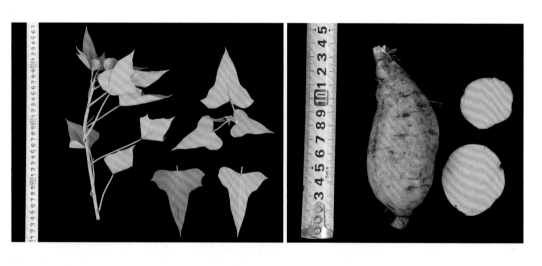

67. 灵川叶菜薯

【采集地】广西桂林市灵川县灵田镇阳旭头村。

【当地种植情况】在当地各家各户均有少量种植，农户自行留种、自产自销。

【主要特征特性】在南宁种植，株型半直立，顶芽和顶叶黄绿色，成叶绿色；顶叶和成叶形状均为深裂复缺刻形；叶脉绿色，叶脉基部紫色，叶柄、叶柄基部及茎均为绿色；叶片大小为 129.3cm^2，节间长 2.1cm，茎直径为 4.1mm，基部分枝 6.6 条，最长蔓长 46.6cm，短蔓型；薯形纺锤形，薯皮主色为浅红色、次色为黄色，薯肉主色为黄色、次色为橘黄色（斑点状分布）；叶菜产量一般为 31 500～42 000kg/hm²，薯块产量为 12 000～21 000kg/hm²，干物率为 25.3%。

【利用价值】该种质藤蔓茎尖翠绿，符合叶菜甘薯的特征特性，可作为叶菜型甘薯新品种选育的亲本材料。生产上主要采摘茎尖及嫩叶作为蔬菜食用或饲用，属于叶菜专用型甘薯。

68. 博白沙陂镇薯

【采集地】广西玉林市博白县沙陂镇。

【当地种植情况】在当地少量种植，农户自行留种、自产自销。

【主要特征特性】在南宁种植，株型匍匐，顶芽和顶叶均为紫色，成叶绿色；顶叶和成叶形状均为深裂复缺刻形；叶脉和叶脉基部均为紫色，叶柄绿色，叶柄基部紫色，茎主色为绿色、次色为紫色（分布在被阳光长期照射的

茎间）；叶片大小为 123.6cm²，节间长 3.9cm，茎直径为 5.1mm，基部分枝 6.2 条，最长蔓长 85.6cm，中蔓型；薯形长纺锤形，薯皮黄色，薯肉主色为橘黄色、次色为黄色（中心分布）；产量一般为 16 500～22 500kg/hm²，干物率为 23.3%。

【利用价值】该种质食味好，株型好，可作为食用型甘薯新品种选育及改良长蔓型甘薯品种的亲本材料。生产上主要鲜食，少量饲用，属于食用型甘薯。

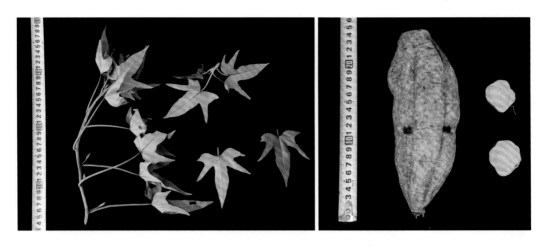

69. 凌云土红薯

【采集地】广西百色市凌云县逻楼镇磨村村老寨屯。

【当地种植情况】在当地少量种植，农户自行留种、自产自销。

【主要特征特性】在南宁种植，株型匍匐，顶芽和顶叶均为紫色，成叶绿色；顶叶和成叶形状均为心齿形或浅裂复缺刻形；叶脉、叶脉基部、叶柄、叶柄基部和茎均为绿色；叶片大小为59.5cm^2，节间长 4.5cm，茎直径为 3.0mm，基部分枝 9.0 条，最长蔓长 150.4cm，长蔓型；薯形长纺锤形，薯皮和薯肉均为黄色，结薯较少，产量偏低。

【利用价值】该种质藤蔓长势强，可作为改良藤蔓长势的亲本材料。生产上主要饲用，少量食用，属于食饲兼用型甘薯。

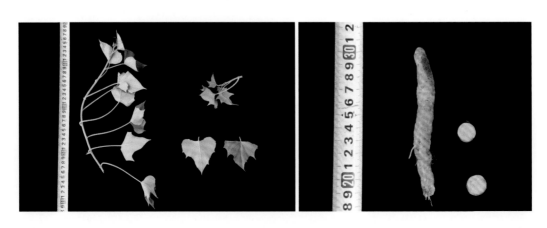

70. 龙胜田湾南瓜薯

【采集地】广西桂林市龙胜各族自治县江底乡龙塘村田湾屯。

【当地种植情况】在当地少量种植，农户自行留种、自产自销。

【主要特征特性】在南宁种植，株型半直立，顶芽和顶叶黄绿色，成叶绿色；顶叶形状为三角带齿形，成叶形状为三角带齿形或浅裂复缺刻形；叶脉绿色，叶脉基部紫色，叶柄绿色，叶柄基部浅紫色，茎主色为绿色、次色为紫色（分布在茎节部及茎基部）；叶片大小为

84.5cm^2，节间长 2.3cm，茎直径为 4.2mm，基部分枝 10.0 条，最长蔓长 73.8cm，中蔓型；薯形纺锤形，薯皮黄色，薯肉主色为黄色、次色为紫色（外环分布）；产量一般为 27 000～42 000kg/hm^2，干物率为 28.1%。

【利用价值】该种质食味甜软，品质优，产量较高，株型好，可作为亲本材料用于食用型或高产型甘薯新品种选育及长蔓型甘薯品种的改良。生产上主要食用，少量饲用，属于食用型甘薯。

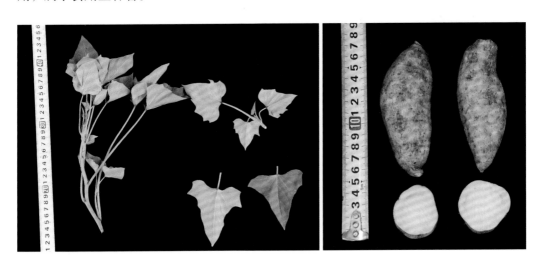

71. 扶绥丁欧红薯

【采集地】广西崇左市扶绥县东门镇卜葛村丁欧屯。

【当地种植情况】在当地零星种植，农户自行留种、自产自销。

【主要特征特性】在南宁种植，株型匍匐，顶芽和顶叶均为紫色，成叶绿色；顶叶

和成叶形状均为心形；叶脉和叶脉基部紫色，叶柄绿色，叶柄基部紫色，茎主色为绿色、次色为紫色（分布在茎节部）；叶片大小为 49.2cm²，节间长 3.2cm，茎直径为 2.9mm，基部分枝约 5.3 条，最长蔓长 164.3cm，长蔓型；薯形纺锤形或短纺锤形，薯皮和薯肉为黄色；产量较低，一般为 12 000～22 500kg/hm²，干物率为 27% 左右。

【利用价值】该种质藤蔓长势强，可作为改良藤蔓长势的亲本材料。生产上主要饲用，少量食用，属于食饲兼用型甘薯。

72. 扶绥那蕾红薯

【采集地】广西崇左市扶绥县柳桥镇那加村那蕾屯。

【当地种植情况】在当地零星种植，农户自行留种、自产自销。

【主要特征特性】在南宁种植，株型匍匐，顶芽和顶叶均为黄绿色，成叶绿色；顶叶和成叶形状均为浅裂复缺刻形；叶脉和叶脉基部紫色，叶柄绿色，叶柄基部紫色，茎主色为绿色、次色为紫色（分布在茎节部）；叶片大小为 118.2cm²，节间长 3.3cm，茎直径为 4.4mm，基部分枝 10.3 条，最长蔓长 121.8cm，中蔓型；薯形纺锤形，薯皮黄色，薯肉主色为橘黄色、次色为黄色（斑点状分布）；产量一般为 18 000～24 000kg/hm^2，干物率为 20.4%。

【利用价值】该种质食味品质好，可作为食用型甘薯新品种选育的亲本材料。生产上主要食用或饲用，属于食饲兼用型甘薯。

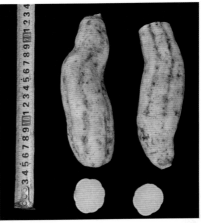

73. 外婆藤

【采集地】广西贵港市平南县官成镇岭西村社坪屯。

【当地种植情况】当地主栽品种，据当地人介绍，该品种是由一位妇女从外婆家带回的薯藤，在当地种植表现产量高、品质好而得名。农户自行留种、自产自销。

【主要特征特性】在南宁种植，株型匍匐，顶芽褐色，顶叶紫色，成叶绿色；顶叶和成叶形状均为心形或浅裂单缺刻形；叶脉、叶脉基部、叶柄、叶柄基部和茎均为绿色；叶片大小为 104.7cm^2，节间长 2.9cm，茎直径为 7.4mm，基部分枝 12.2 条，最长蔓长 127.7cm，中蔓型；薯形纺锤形或长纺锤形，薯皮黄色，薯肉主色为橘黄色、次色为黄色（外环分布）；产量潜力高，一般可达 27 000～45 000kg/hm^2，干物率为 28.0%。

【利用价值】该种质鲜食甜软，品质优，据农户反映，加工成的甘薯薯脯甜度高、易成型、口感好、不粘牙、产量较高，可作为亲本材料用于食用型及薯脯加工型甘薯新品种的选育。生产上主要作为加工甘薯薯脯的原料，少量鲜食及饲用，属于食用型及薯脯加工型甘薯。

74. 毛塘红薯

【采集地】广西桂林市恭城瑶族自治县三江乡三联村毛塘屯。

【当地种植情况】在当地零星种植，农户自行留种、自产自销。

【主要特征特性】在南宁种植，株型匍匐，顶芽和顶叶均为紫色，成叶绿色；顶叶和成叶形状均为心形或浅裂单缺刻形；叶脉和叶脉基部紫色，叶柄绿带紫色，叶柄基部紫色，茎主色为绿色、次色为紫色（分布在茎节部）；叶片大小为 91.2cm²，节间长 3.8cm，茎直径为 4.9mm，基部分枝 6.4 条，最长蔓长 133.2cm，中蔓型；薯形上膨纺，薯皮和薯肉均为黄色；产量一般为 18 000～27 000kg/hm²，干物率为 24.8%。

【利用价值】该种质食味好，可作为亲本材料用于食用型甘薯新品种的选育。生产上主要食用，少量饲用，属于食用型甘薯。

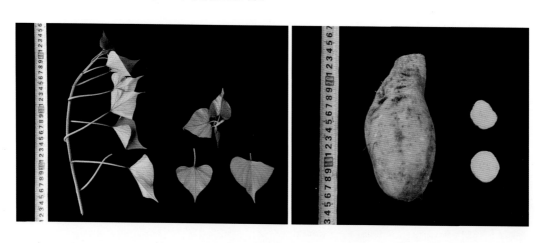

75. 融安田洞红薯 2

【采集地】广西柳州市融安县板榄镇东岭村田洞屯。

【当地种植情况】在当地零星种植，农户自行留种、自产自销。

【主要特征特性】在南宁种植，株型半直立，顶芽黄绿色带紫色，顶叶为绿色或褐绿色，成叶绿色；顶叶和成叶形状均为浅裂复缺刻形；叶脉和叶脉基部紫色，叶柄绿色，叶柄基部紫色，茎主色为绿色、次色为紫色（分布在茎节部）；叶片大小为88.4cm^2，节间长2.0cm，茎直径为3.1mm，基部分枝8.0条，最长蔓长60.0cm，短蔓型；薯形短

纺锤形，薯皮主色为黄色、次色为浅红色，薯肉主色为黄色、次色为橘黄色（外环分布）；产量潜力较高，一般为24 000～45 000kg/hm^2，干物率为19.6%。

【利用价值】该种质产量高，株型好，短蔓型，可作为亲本材料用于高产甘薯新品种的选育及长蔓型甘薯品种的改良。生产上主要食用，少量饲用，属于食用型甘薯。

76.荔浦黄皮红薯

【采集地】广西桂林市荔浦市新坪镇大瑶村。

【当地种植情况】在当地零星种植，农户自行留种、自产自销。

【主要特征特性】在南宁种植，株型匍匐，顶芽黄绿色带紫色，顶叶黄绿色或黄绿色带褐色，成叶绿色；顶叶和成叶形状均为深裂复缺刻形；叶脉和叶脉基部紫色，叶柄绿带紫色，叶柄基部

紫色，茎主色为绿色、次色为紫色（分布在茎节部）；叶片大小为191.0cm²，节间长4.1cm，茎直径为7.3mm，基部分枝8.8条，最长蔓长142.2cm，长蔓型；薯形纺锤形，薯皮和薯肉均为黄色；产量较低，产量一般为15 000～19 500kg/hm²，干物率为25.7%。

【利用价值】该种质食味品质较好，可作为食用型甘薯新品种选育的亲本材料。生产上主要食用或饲用，属于食饲兼用型甘薯。

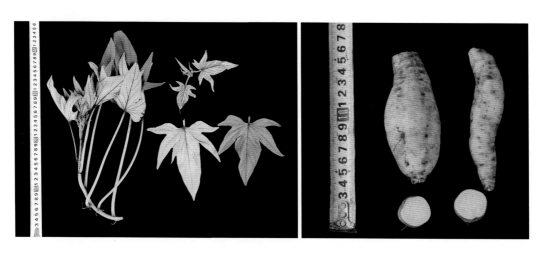

77. 大化当地黄皮薯

【采集地】广西河池市大化瑶族自治县共和乡中良村刁段屯。

【当地种植情况】在当地少量种植，农户自行留种、自产自销。

【主要特征特性】在南宁种植，株型匍匐，顶芽和顶叶黄绿色，成叶绿色；顶叶和成叶形状均为浅裂复缺刻形；叶脉浅紫色，叶脉基部紫色，叶柄绿色，叶柄基部紫色，茎主色为绿色、次色为紫色（分布在茎节部）；叶片大小为110.8cm²，节间长2.6cm，茎直径为5.1mm，基部分枝7.3条，最长蔓长158.0cm，长蔓型；薯形纺锤形，薯皮黄色，薯肉黄色；产量一般为22 500～31 500kg/hm²，干物率为23.3%。

【利用价值】该种质食味好，可作为亲本材料用于食用型甘薯新品种的选育。生产上主要食用，少量饲用，属于食用型甘薯。

78. 节节薯

【**采集地**】广西柳州市融安县长安镇银洞村上银洞屯。

【**当地种植情况**】在当地少量种植，农户自行留种、自产自销。

【**主要特征特性**】在南宁种植，株型匍匐，顶芽和顶叶黄绿色，成叶绿色；顶叶和成叶形状均为浅裂单缺刻或浅裂复缺刻形；叶脉绿色，叶脉基部紫色，叶柄、叶柄基部和茎均为绿色；

叶片大小为 87.5cm^2，节间长 2.0cm，茎直径为 5.1mm，基部分枝 6.0 条，最长蔓长 128.0cm，中蔓型；薯形纺锤形或短纺锤形，薯皮黄色，薯肉主色为橘黄色、次色为橘红色（外环分布）；产量潜力高，一般为 30 000～45 000kg/hm^2，干物率为 23.9%。

【**利用价值**】该种质产量高，食味好，可作为亲本材料用于高产或食用型甘薯新品种的选育。生产上主要食用或饲用，属于食用型甘薯。

79. 平果黄皮白心薯

【采集地】广西百色市平果市同老乡五柳村巴端屯。

【当地种植情况】在当地零星种植，农户自行留种、自产自销。

【主要特征特性】在南宁种植，株型攀援型，顶芽和顶叶紫色，成叶绿色；顶叶形状三角带齿形，成叶形状有浅裂单缺刻、浅裂复缺刻和三角带齿形等；叶脉、叶脉基部、叶柄、叶柄基部和茎均为绿色；叶片大小为 96.9cm²，节间长 4.2cm，茎直径为 4.8mm，基部分枝 7.0 条，最长蔓长 130.0cm，中蔓型；薯形纺锤形，薯皮黄色，薯肉白色；产量较低，一般为 12 000～19 500kg/hm²，干物率为 27.9%。

【利用价值】该种质藤蔓长势强，可作为改良藤蔓长势的亲本材料。生产上主要食用或饲用，属于食饲兼用型甘薯。

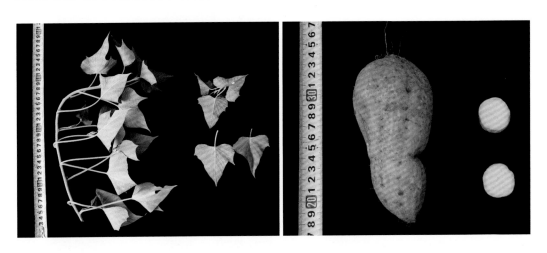

80. 灯泡红薯

【采集地】广西崇左市宁明县峙浪乡派台村派台屯。

【当地种植情况】在当地零星种植，农户自行留种、自产自销。由于薯块呈圆形，形似灯泡而得名。

【主要特征特性】在南宁种植，株型匍匐，顶芽褐色，顶叶紫色，成叶绿色；顶叶和成叶形状均为心形；叶脉主脉浅紫色、次脉绿色，叶脉基部紫色，叶柄绿带紫色，叶柄基部绿色，茎主色为绿色、次色为紫色（分布在茎节部）；叶片大小为 61.0cm²，节间长 7.4cm，茎直径为 2.5mm，基部分枝 15.0 条，最长蔓长 194.0cm，长蔓型；薯形短纺锤形，薯皮黄色，薯肉白色；产量一般为 22 500～28 500kg/hm²，干物率为 28.6%。

【利用价值】可作为甘薯育种的亲本材料。生产上主要饲用或食用，属于食饲兼用型甘薯。

81. 灌阳鸡骨香

【采集地】广西桂林市灌阳县。

【当地种植情况】在当地少量种植，农户自行留种、自产自销。

【主要特征特性】在南宁种植，株型匍匐，顶芽和顶叶均为绿带褐色，成叶绿色带褐边；顶叶形状尖心形，成叶形状三角形或三角带齿形；叶脉、叶脉基部和叶柄均为绿色，叶柄基部紫色，茎主色为紫色、次色为绿色（分布在茎尖）；叶片大小为 74.4cm²，节间长 3.1cm，茎直径为 4.8mm，基部分枝 11.2 条，最长蔓

长110.0cm，中蔓型；薯形纺锤形，薯皮黄色，薯肉浅黄色；产量一般为22 095kg/hm²，干物率为24.3%。

【利用价值】该种质株型好，中蔓型，可作为改良长蔓型甘薯的亲本材料。生产上主要鲜食，少量饲用，属于食用型甘薯。

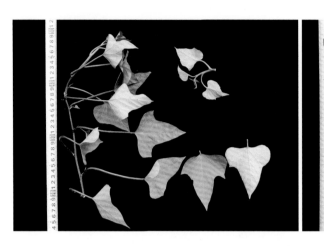

82. 兴安黄皮黄心薯

【采集地】广西桂林市兴安县界首镇。

【当地种植情况】在当地少量种植，农户自行留种、自产自销。

【主要特征特性】在南宁种植，株型匍匐，顶芽黄绿色带褐色，顶叶绿色带褐边，成叶绿色；顶叶和成叶形状均为浅裂多缺刻形；少数深裂多缺刻形，叶脉、叶脉基部、叶柄、叶柄基部和茎

均为绿色；叶片大小为 95.5cm²，节间长 3.5cm，茎直径为 5.7mm，基部分枝 6.0 条，最长蔓长 102.0cm，中蔓型；薯形纺锤形，薯皮主色为黄褐色、次色为浅红色，薯肉浅黄色；产量约为 29 250kg/hm²，干物率为 20.5%。

【利用价值】该种质株型好，中蔓型，可作为改良长蔓型甘薯品种的亲本材料。生产上主要鲜食或饲用，属于食饲兼用型甘薯。

83. 钦南那丽黄皮黄心薯

【采集地】广西钦州市钦南区那丽镇。

【当地种植情况】在当地少量种植，农户自行留种、自产自销。

【主要特征特性】在南宁种植，株型匍匐，顶芽绿带紫色，顶叶褐绿色或绿色带褐边，成叶绿色带褐边；顶叶和成叶形状均为心形或心形带齿；叶脉和叶脉基部紫色，叶柄绿带紫色，叶柄基部紫色，茎主色为绿色、次色为紫色

（分布在茎节部）；叶片大小为 133.6cm²，节间长 4.0cm，茎直径为 4.8mm，基部分枝 15.2 条，最长蔓长 145.0cm，长蔓型；薯形纺锤形，薯皮黄色，薯肉黄色；产量约为 19 800kg/hm²，干物率为 22.7%。

【利用价值】该品种藤蔓生长势较强，中蔓型，株型较好，可作为改良藤蔓长势和长蔓型甘薯的亲本材料。生产上主要鲜食，少量饲用，属于食用型甘薯。

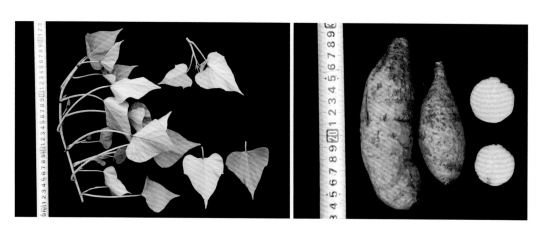

84. 海薯

【采集地】广西北海市西塘镇。

【**当地种植情况**】在当地零星种植，农户自行留种、自产自销。

【**主要特征特性**】在南宁种植，株型匍匐，顶芽和顶叶均为黄绿色，成叶绿色；顶叶形状为三角带齿形，成叶形状为浅裂复缺刻形；叶脉和叶脉基部紫色，叶柄绿色，叶柄基部紫色，茎主色为绿色、次色为紫色（分布在茎节部）；叶片大小为 133.6cm^2，节间长 4.3cm，茎直径为 5.4mm，基部分枝 8.2 条，最长蔓长 203.0cm，长蔓型；薯形纺锤形，薯皮黄色，薯肉主色为黄色、次色为橘黄色（斑点分布）；产量约为 29 250kg/hm^2，干物率为 25.5%。

【**利用价值**】该种质食味较好，可作为食用型甘薯新品种选育的亲本材料。生产上主要食用，少量饲用，属于食用型甘薯。

85. 蚯蚓薯

【**采集地**】广西。

【**当地种植情况**】在当地零星种植，农户自行留种、自产自销。

【**主要特征特性**】在南宁种植，株型匍匐，顶芽和顶叶均为绿色带褐边，成叶绿色；顶叶和成叶形状均为心形；叶脉和叶脉基部均为紫色，叶柄绿色，叶柄基部紫色，茎主色为绿色、次色为紫色（分布在茎节部）；叶片大小为 92.6cm^2，节间长 2.9cm，茎直径为 5.2mm，基部分枝 7.8 条，最长蔓长 165.0cm，长蔓型；薯形纺锤形，薯皮主色为黄色、次色为浅红色，薯肉浅黄色；产量约为 20 250kg/hm^2，干物率为 29.6%。

【**利用价值**】该种质茎叶生长势较强，可作为改良藤蔓长势的亲本材料。生产上主要食用或饲用，属于食饲兼用型甘薯。

86. 马山杨圩红薯

【采集地】广西南宁市马山县古零镇杨圩村。

【当地种植情况】在当地零星种植，农户自行留种、自产自销。

【主要特征特性】在南宁种植，株型匍匐，顶芽紫色，顶叶褐绿色，成叶绿色；顶叶和成叶形状均为深裂单缺刻形；叶脉、叶脉基部、叶柄和叶柄基部均为紫色，茎主色为紫色、次色为绿

色（分布在茎尖）；叶片大小为 103.8cm²，节间长 2.7cm，茎直径为 5.3mm，基部分枝 15.0 条，最长蔓长 109.7cm，中蔓型；薯形纺锤形，薯皮黄色，薯肉浅黄色；产量约为 30 168kg/hm²，干物率为 21.5%。

【利用价值】该种质藤蔓生长势强，中蔓型，株型较好，可作为改良藤蔓长势及长蔓型甘薯的亲本材料。生产上主要食用或饲用，属于食饲兼用型甘薯。

87. 都安高产薯

【采集地】广西河池市都安瑶族自治县。

【当地种植情况】在当地少量种植，农户自行留种、自产自销。

【主要特征特性】在南宁种植，株型匍匐，顶芽和顶叶均为紫色；顶叶和成叶形状均为尖心形；叶脉、叶脉基部、叶柄和叶柄基部均为绿色，茎主色为绿色、次色为褐色（分布在被阳光长期照射的茎间）；叶片大小为99.2cm^2，节间长3.5cm，茎直径为3.8mm，基部分枝18.0条，最长蔓长100.0cm，中蔓型；薯形纺锤形，薯皮黄色，薯肉橘黄色；产量约为40 350kg/hm^2，干物率为29.0%。

【利用价值】该种质食味甜软，品质优，株型好，产量高，可作为亲本材料用于高产型及食用型甘薯新品种的选育。生产上主要食用，少量饲用，属于食用型甘薯。

88. 黑节白

【采集地】广西玉林市北流市平政镇龙池村。

【当地种植情况】在当地少量种植，农户自行留种、自产自销。

【主要特征特性】在南宁种植，株型匍匐，顶芽和顶叶均为紫色，成叶绿色；顶叶和成叶形状均为心形；叶脉和叶脉基部紫色，叶柄绿色，叶柄基部紫色，茎主色为褐色、次色为绿色（分布在茎间）；叶片大小为69.5cm^2，节间长3.8cm，茎直径为5.5mm，基部分枝9.0条，最长蔓长 57.0cm，短蔓型；薯形上膨纺，薯皮和薯肉均为黄色；产量约为 32 700kg/hm²，干物率为 27.9%。

【利用价值】该种质短蔓型，株型好，可作为改良长蔓型甘薯的亲本材料。生产上主要鲜食，少量饲用，属于食饲兼用型甘薯。

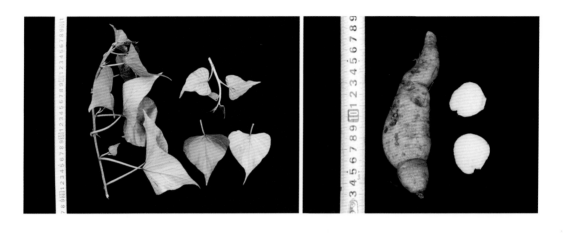

89. 上思紫心薯

【采集地】广西防城港市上思县公正乡枯萎村那琴屯。

【当地种植情况】在当地少量种植，农户自行留种、自产自销。

【主要特征特性】在南宁种植，株型匍匐，顶芽和顶叶均为褐绿色，成叶绿色或者褐绿色；顶叶和成叶形状均为心齿形；叶脉绿色，叶脉基部紫色，叶柄绿色，叶柄基部

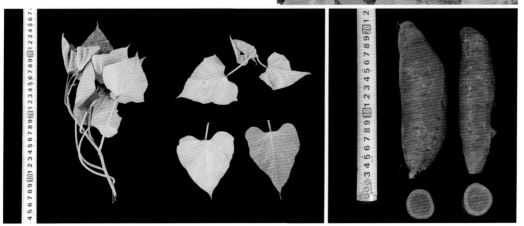

紫色，茎主色为绿色、次色为紫色（分布在茎节部）；叶片大小为173.2cm²，节间长6.0cm，茎直径为5.1mm，基部分枝9.2条，最长蔓长200.6cm，长蔓型；薯形纺锤形或长纺锤形，薯皮和薯肉均为紫色；产量一般为15 000～22 500kg/hm²，干物率为32.9%。

【利用价值】该种质由于薯肉紫色，富含花青素，可作为高花青素型甘薯新品种选育的亲本材料。生产上主要鲜食，少量饲用，属于食用型甘薯。

90. 融安紫心薯

【采集地】广西柳州市融安县长安镇银洞村上银洞屯。

【当地种植情况】在当地少量种植，农户自行留种、自产自销。

【主要特征特性】在南宁种植，株型匍匐，顶芽和顶叶均为紫色，成叶绿色；顶叶和成叶形状均为尖心形或尖心形带齿；叶脉绿色，叶脉基部浅紫色，叶柄绿色，叶柄基部浅紫色，茎主色为绿色、次色为紫色（分布在茎节部）；叶片大小为113.2cm²，节间长3.4cm，茎直径为5.1mm，基部分枝3.4条，最长蔓长120.0cm，中蔓型；薯形纺锤形，薯皮和薯肉均为紫色；产量较低，一般为12 000～18 750kg/hm²，干物率为27.2%。

【利用价值】该种质薯肉紫色，富含花青素，可作为高花青素型甘薯新品种选育的亲本材料。生产上主要鲜食，少量饲用，属于食用型甘薯。

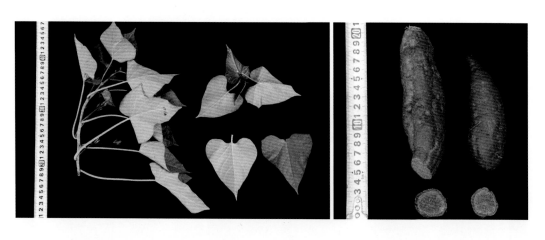

91. 浦北紫心薯

【采集地】广西钦州市浦北县福旺镇北兰村。

【当地种植情况】在当地少量种植，农户自行留种、自产自销。

【主要特征特性】在南宁种植，株型匍匐，顶芽和顶叶均为绿色，边缘带褐色，成叶绿色；顶叶和成叶形状均为心形或浅裂单缺刻形；叶脉、叶脉基部、叶柄均为绿色，叶柄基部淡紫色，茎主色为绿色、次色为淡紫色或褐色（分布在茎节部或被阳光长期照射的茎间）；叶片大小为98.8cm²，节间长3.9cm，茎直径为3.9mm，基部分枝4.9条，最长蔓长191.9cm，长蔓型；薯形纺锤形或短纺锤形，薯皮和薯肉均为紫色；产量一般为12 000～22 500kg/hm²，干物率为30.2%。

【利用价值】该种质食味粉、香、微甜，鲜食口感好，富含花青素，可作为紫色甘薯及食用型甘薯新品种选育的亲本材料。生产上主要鲜食，少量饲用，属于食用型甘薯。

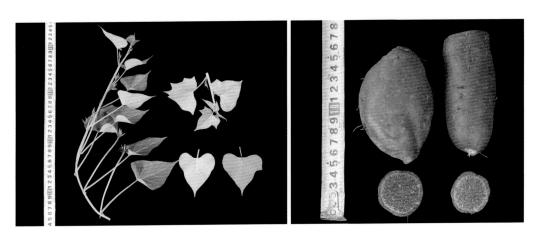

92. 血薯

【采集地】广西南宁市武鸣区。

【当地种植情况】在当地少量种植，农户自行留种、自产自销。

【主要特征特性】在南宁种植，株型匍匐，顶芽和顶叶均为紫色，成叶绿色；顶叶和成叶形状均为尖心形或浅裂单缺刻形；叶脉、叶脉基部和叶柄均为绿色，叶柄基部褐色或紫色，茎主色为绿色、次色为褐色或紫色（分布在茎节部）；叶片大小为93.1cm²，节间长2.3cm，茎直

径为 4.6mm，基部分枝 18.2 条，最长蔓长 181.0cm，长蔓型；薯形长纺锤形或弯曲形，薯皮和薯肉均为紫色，产量约为 22 950kg/hm²，干物率为 27.0%。

【利用价值】该种质薯肉紫色，富含花青素，可作为高花青素型甘薯新品种选育的亲本材料。生产上主要鲜食，少量饲用，属于食用型甘薯。

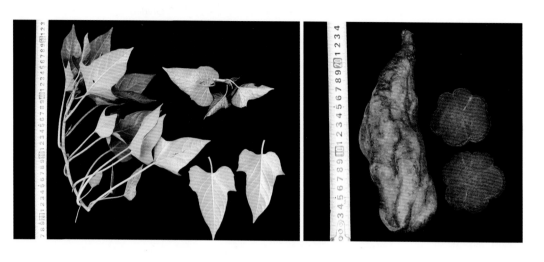

93. 马山紫薯

【采集地】广西南宁市马山县。

【当地种植情况】在当地少量种植，农户自行留种、自产自销。

【主要特征特性】在南宁种植，株型匍匐，顶芽绿带褐色，顶叶褐绿色，成叶绿色；顶叶和成叶形状均为深裂复缺刻形；叶脉绿带浅紫色，叶脉基部紫色，叶柄绿色，叶柄基部紫色，茎主色

为绿色、次色为紫色（分布在茎节部）；叶片大小为 202.7cm^2，节间长 2.7cm，茎直径为 5.3mm，基部分枝 15.0 条，最长蔓长 109.7cm，中蔓型；薯形纺锤形，薯皮紫色，薯肉主色为紫色、次色为白色（外环及中心斑点状分布）；产量约为 22 305kg/hm^2，干物率为 28.2%。

【利用价值】该种质中蔓型、藤蔓长势强，可作为改良株型和藤蔓长势的亲本材料。生产上主要鲜食，少量饲用，属于食用型甘薯。

94. 防城那湾紫薯

【采集地】广西防城港市防城区华石镇那湾村。

【当地种植情况】在当地少量种植，农户自行留种、自产自销。

【主要特征特性】在南宁种植，株型匍匐，顶芽绿带褐色，顶叶绿色或绿带褐色，成叶深绿色；顶叶和成叶形状均为深裂单缺刻形或尖三角带齿形；叶脉绿色，叶脉基部浅紫色，叶柄绿色，叶

柄基部浅紫色，茎主色为绿色、次色为浅紫色（分布在茎节部）；叶片大小为 85.2cm^2，节间长 3.3cm，茎直径为 5.3mm，基部分枝 15.0 条，最长蔓长 106.0cm，中蔓型；薯形纺锤形，薯皮紫色，薯肉主色为紫色、次色为白色（外环及中心斑点状分布）；产量约为 17 175kg/hm^2，干物率为 31.7%。

【利用价值】该种质属于紫色甘薯品种，花青素含量较高，株型为中蔓型，可作为选育食用型紫薯及改良长蔓型甘薯品种的亲本材料。生产上主要鲜食，少量饲用，属于食用型甘薯。

第二节　食用木薯种质资源介绍

1. 沙田木薯

【采集地】广西北海市合浦县沙田镇。

【当地种植情况】在合浦县各乡镇零星种植，主要由农民自行留种、自产自销。

【主要特征特性】[①]在南宁种植，株型伞型，株高295cm；顶端嫩叶浅绿色，叶片裂叶提琴形，裂叶数为7，叶柄淡绿色；主茎高95cm，茎的分叉为二分叉或三分叉，成熟主茎外皮灰白色，内皮浅绿色；块根圆锥－圆柱形，外皮褐色，内皮粉红色，肉质白色，块根4～8个，呈水平分布；单株收获指数小于0.5，单株产量为3.73kg，淀粉含量为27.6%，氢氰酸含量低（20～30mg/kg）。

【利用价值】因氢氰酸含量低，可直接食用，蒸煮后有香甜味，食用口感香、粉，也适合用于制作木薯全粉。现直接种植利用，但因植株高度分叉，不太受农民喜欢，或可作为亲本用于食用木薯品种选育。

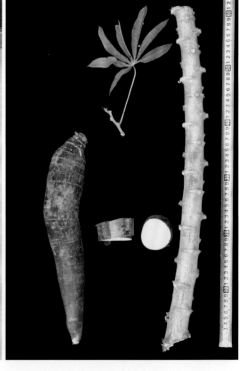

---

① 【主要特征特性】所列木薯种质资源的农艺性状数据均为2016～2018年田间鉴定数据的平均值，后文同

2. 营盘木薯

【采集地】广西北海市铁山港区营盘镇彬畔村。

【当地种植情况】在铁山港区营盘镇零星种植，主要由农民自行留种、自产自销。

【主要特征特性】在南宁种植，株型伞型，株高190cm；顶端嫩叶浅绿色，叶片裂叶提琴形，裂叶数为7，叶柄淡绿色；主茎高75cm，茎的分叉为三分叉，成熟主茎外皮灰白色，内皮浅绿色；块根圆锥-圆柱形，外皮褐色，内皮粉红色，肉质白色，块根7～10个，呈水平分布；单株收获指数小于0.5，单株产量为1.36kg，淀粉含量为28.5%，氢氰酸含量低（20～30mg/kg）。

【利用价值】因氢氰酸含量低，可直接食用，蒸煮食用口感较粉。现直接种植利用，但因植株分叉，不太受农民喜欢，或可作为亲本用于食用木薯品种选育。

3. 大圩木薯 I

【采集地】广西桂林市灵川县大圩镇朱家村。

【当地种植情况】在灵川县大圩镇零星种植，主要由农民自行留种、自产自销。

【主要特征特性】在南宁种植，株型紧凑，株高285cm；顶端嫩叶浅绿色，叶片裂叶椭圆形，裂叶数为 7，叶柄红色；主茎高 55cm，茎的分叉为三分叉，成熟主茎外皮灰绿色，内皮绿色；块根圆锥形，外皮深褐色，内皮奶油色，肉质黄色，块根 8～11 个，呈水平分布；单株收获指数小于 0.5，单株产量为 3.02kg，淀粉含量为 26.8%，氢氰酸含量低（20～30mg/kg）。

【利用价值】因氢氰酸含量低，可直接食用，蒸煮后薯肉呈黄色，食用口感较粉，适合加工成薯片。现直接种植利用，但因植株分叉，不太受农民喜欢，或可作为亲本用于食用木薯品种选育。

4. 大圩木薯Ⅱ

【采集地】广西桂林市灵川县大圩镇朱家村。

【当地种植情况】在灵川县大圩镇零星种植，主要由农民自行留种、自产自销。

【主要特征特性】在南宁种植，株型伞型，株高 210cm；顶端嫩叶紫绿色，叶片裂叶拱形，裂叶数为 7，叶柄紫红色；主茎高 65cm，茎的分叉为三分叉，成熟主茎外皮灰白色，内皮浅绿色；块根形状不规则，外皮深褐色，内皮乳白色，肉质黄色，块根 3～7 个，呈水平分布；单株收获指数小于 0.5，单株产量为 1.26kg，淀粉含量为

28.0%，氢氰酸含量低（20～30mg/kg）。

【利用价值】因氢氰酸含量低，可直接食用，蒸煮后薯肉呈黄色，食用口感较粉，制成木薯汁颜色、口感佳。现直接种植利用，但因植株有分叉，且容易倒伏，不太受农民喜欢，或可作为亲本用于食用木薯品种选育。

5. 岭南木薯 Ⅰ

【采集地】广西来宾市合山市岭南镇。

【当地种植情况】在合山市岭南镇零星种植，主要由农民自行留种、自产自销。

【主要特征特性】在南宁种植，株型直立，株高238cm；顶端嫩叶紫绿色，有绒毛，叶片裂叶提琴形，裂叶数为7，叶柄紫红色；茎无分叉或少分叉，成熟主茎外皮灰褐色，内皮浅绿色；块根形状不规则，外皮深褐色，内皮白色，肉质白色，块根3～7个，呈无规则分布；单株收获指数为0.5，单株产量为1.57kg，淀粉含量为27.5%，氢氰酸含量较高（150～200mg/kg）。

【利用价值】食用前需进行泡水等简单处理，蒸煮食用口感微苦。现直接种植利用，主要食用；由于其株型较好，或可作为亲本用于食用木薯及工业木薯品种选育。

6. 岭南木薯Ⅱ

【采集地】广西来宾市合山市岭南镇。

【当地种植情况】在合山市岭南镇零星种植，主要由农民自行留种、自产自销。

【主要特征特性】在南宁种植，株型直立，株高256cm；顶端嫩叶紫色，有绒毛，叶片裂叶提琴形，裂叶数为7，叶柄紫红色；茎无分叉，成熟主茎外皮灰绿色，内皮绿色；块根圆锥形，外皮褐色，内皮白色，肉质白色，块根8～12个，呈水平分布；单株收获指数小于0.5，单株产量为1.75kg，淀粉含量为28.6%，氢氰酸含量较低（40～80mg/kg）。

【利用价值】食用前需进行泡水等简单处理，蒸煮食用口感微苦。现直接种植利用，主要食用；由于其株型较好，或可作为亲本用于食用木薯及工业木薯品种选育。

7. 中沙木薯

【采集地】广西贵港市桂平市中沙镇。

【当地种植情况】在桂平市中沙镇零星种植，主要由农民自行留种、自产自销。

【主要特征特性】在南宁种植，株型伞型，株高210cm；顶端嫩叶浅绿色，叶片裂叶线状提琴形，裂叶数为7，叶柄淡绿色；主茎高98cm，茎的分叉为三分叉，成熟主茎外皮灰白色，内皮深绿色；块根形状不规则，外皮褐色，内皮乳白色，肉质白色，块根3～7个，呈水平分布；单株收获指数小于0.5，单株产量为1.50kg，淀粉含量为27.5%，氢氰酸含量稍高（50～100mg/kg）。

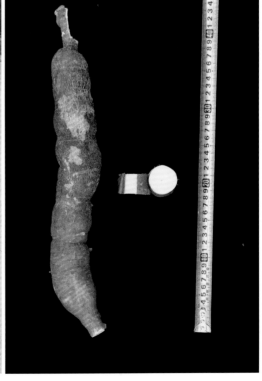

【利用价值】食用前需进行泡水等简单处理，蒸煮食用口感微苦。现直接种植利用，食用或饲用，或可作为亲本用于食用木薯及工业木薯品种选育。

8. 罗播木薯

【采集地】广西贵港市桂平市罗播乡罗西村。

【当地种植情况】在桂平市罗播乡零星种植，主要由农民自行留种、自产自销。

【主要特征特性】在南宁种植，株型伞型，株高200cm；顶端嫩叶紫绿色，叶片裂叶拱形，裂叶数为5，叶柄红带绿色；主茎高50cm，茎的分叉为二分叉或三分叉，成熟主茎外皮灰黄色，内皮绿色；块根形状不规则，外皮褐色，内皮乳白色，肉质乳黄色，块根3~7个，呈垂直分布；单株收获指数小于0.5，单株产量为1.31kg，淀粉含量为27.8%，氢氰酸含量低（20~30mg/kg）。

【利用价值】因氢氰酸含量低，可直接食用，蒸煮食用口感较好。现直接种植利用，或可作为亲本用于食用木薯品种选育。

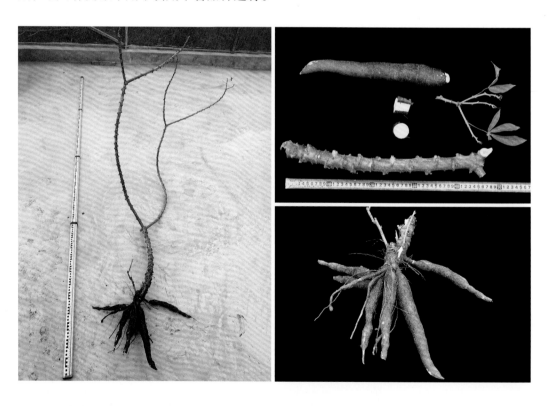

9. 金鸡木薯 I

【采集地】广西梧州市藤县金鸡镇陶塘村。

【当地种植情况】在藤县金鸡镇零星种植，主要由农民自行留种、自产自销。

【主要特征特性】在南宁种植，株型直立，株高281cm；顶端嫩叶紫绿色，叶片裂叶拱形，裂叶数为7，叶柄红色；茎无分叉，成熟主茎外皮灰绿色，内皮绿色；块根圆锥形，外皮乳黄色，内皮白色，肉质白色，块根6～15个，呈水平分布；单株收获指数大于0.5，单株产量为1.77kg，淀粉含量为27.3%，氢氰酸含量较低（20～50mg/kg）。

【利用价值】因氢氰酸含量低，可直接食用，蒸煮食用口感粉、糯、Q弹，食味性较好，适合制作木薯羹。现直接种植利用，或可作为亲本用于食用木薯品种选育。

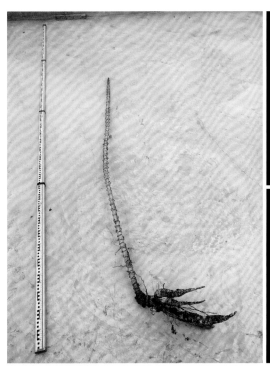

10. 金鸡木薯Ⅱ

【采集地】广西梧州市藤县金鸡镇陶塘村。

【当地种植情况】在藤县金鸡镇零星种植，主要由农民自行留种、自产自销。

【主要特征特性】在南宁种植，株型伞型，株高300cm；顶端嫩叶浅绿色，叶片裂叶拱形，裂叶数为7，叶柄红色；主茎高98cm，茎的分叉为二分叉或三分叉，成熟主茎外皮灰绿色，内皮浅绿色；块根纺锤形，外皮乳黄色，内皮乳白色，肉质白色，块根9～13个，呈水平分布；单株收获指数小于0.5，单株产量为0.88kg，淀粉含量为28.2%，氢氰酸含量较低（20～30mg/kg）。

【利用价值】因氢氰酸含量低，可直接食用，蒸煮食用口感粉、糯、Q弹，且黏性较强，食味性好，适合制作木薯羹。现直接种植利用，或可作为亲本用于食用木薯品种选育。

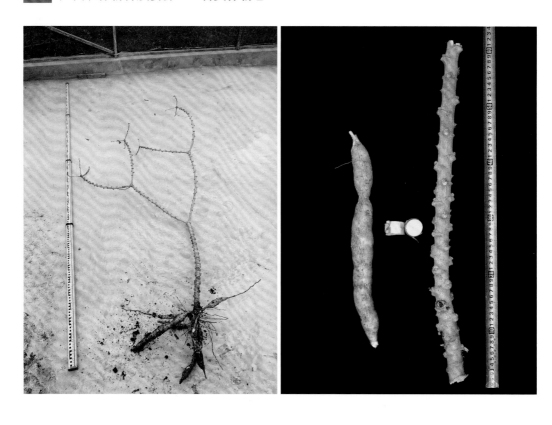

11. 岭脚木薯

【采集地】广西梧州市苍梧县岭脚镇福传村。

【当地种植情况】在苍梧县岭脚镇零星种植，主要由农民自行留种、自产自销。

【主要特征特性】在南宁种植，株型直立，株高 280cm；顶端嫩叶紫绿色，叶片裂叶拱形，裂叶数为 7，叶柄红色；茎无分叉，成熟主茎外皮灰绿色，内皮深绿色；块根圆锥 - 圆柱形，外皮乳黄色，内皮白色，肉质乳黄色，块根 10～14 个，呈水平分布；单株收获指数为 0.5，单株产量为 2.90kg，淀粉含量为 28.5%，氢氰酸含量较低（20～30mg/kg）。

【利用价值】因氢氰酸含量低，可直接食用，蒸煮后薯肉呈乳黄色，食用口感较粉，适合制作木薯汁。现直接种植利用，或可作为亲本用于食用木薯品种选育。

12. 乌石木薯

【采集地】广西玉林市陆川县乌石镇紫恩村。

【当地种植情况】在陆川县乌石镇零星种植，主要由农民自行留种、自产自销。

【主要特征特性】在南宁种植，株型伞型，株高 300cm；顶端嫩叶浅绿色，叶片裂叶拱形，裂叶数为 7，叶柄红色；茎的分叉为三分叉，成熟主茎外皮灰绿色，内皮绿色；块根圆锥 - 圆柱形，外皮乳黄色，内皮乳白色，肉质白色，块根 5～12 个，呈无规则分布；单株收获指数小于 0.5，单株产量为 1.19kg，淀粉含量为 28.8%，氢氰酸含量低（20～30mg/kg）。

【利用价值】因氢氰酸含量低，可直接食用，蒸煮食用口感较好。现直接种植利用，或可作为亲本用于食用木薯品种选育。

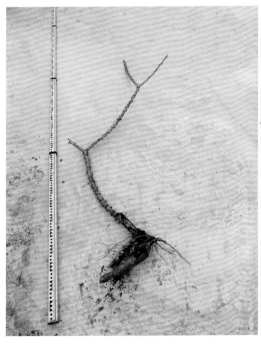
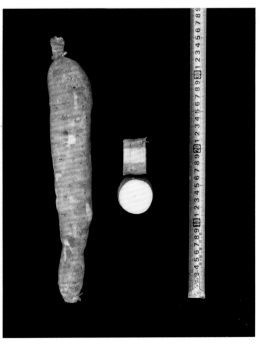

13. 城关木薯

【采集地】广西来宾市忻城县城关镇尚宁村板六屯。

【当地种植情况】在忻城县城关镇零星种植，主要由农民自行留种、自产自销。

【主要特征特性】在南宁种植，株型紧凑，株高278cm；顶端嫩叶紫绿色，叶片裂叶椭圆形，裂叶数为7，叶柄红带绿色；主茎高112cm，茎的分叉为三分叉，成熟主茎外皮红褐色，内皮淡绿色；块根圆锥-圆柱形，外皮深褐色，内皮粉红色，肉质白色，块根5～9个，呈水平分布；单株收获指数为0.5，单株产量为5.04kg，淀粉含量为27.6%，氢氰酸含量较低（20～30mg/kg）。

【利用价值】因氢氰酸含量低，可直接食用，蒸煮食用口感粉、糯、Q弹，食味性好，适合制作木薯羹。现直接种植利用，或可作为亲本用于食用木薯品种选育。

 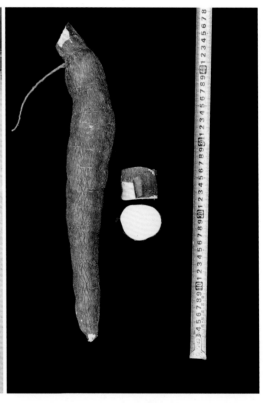

14. 王灵木薯

【采集地】广西南宁市宾阳县王灵镇。

【当地种植情况】在宾阳县王灵镇零星种植，主要由农民自行留种、自产自销。

【主要特征特性】在南宁种植，株型伞型，株高300cm；顶端嫩叶浅绿色，叶片裂叶椭圆形，裂叶数为5，叶柄红色；茎的分叉为三分叉，成熟主茎外皮灰绿色，内皮淡绿色；块根形状不规则，外皮乳黄色，内皮乳白色，肉质白色，块根9～14个，呈水平分布；单株收获指数小于0.5，单株产量为1.1kg，淀粉含量为27.8%，固形物含量中等（38%～40%），氢氰酸含量较低（20～30mg/kg）。

【利用价值】因氢氰酸含量低，可直接食用，蒸煮食用口感酥软。现直接种植利用，或可作为亲本用于食用木薯品种选育。

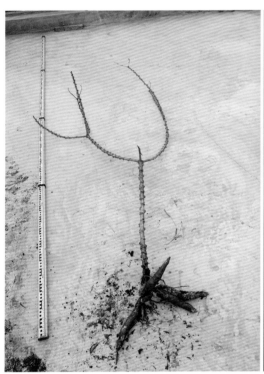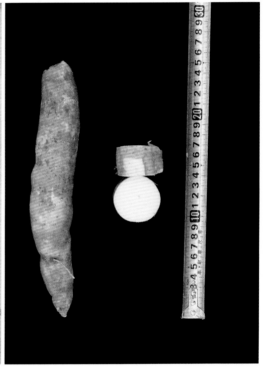

15. 上金木薯

【采集地】广西崇左市龙州县上金乡中山村。

【当地种植情况】在龙州县上金乡零星种植，主要由农民自行留种、自产自销。

【主要特征特性】在南宁种植，株型直立，株高281cm；顶端嫩叶紫绿色，叶片裂叶拱形，裂叶数为7，叶柄红带乳黄色；茎无分叉，成熟主茎外皮灰绿色，内皮深绿色；块根圆锥-圆柱形，外皮乳黄色，内皮白色，肉质白色，块根8～15个，呈水平分布；单株收获指数大于0.5，单株产量为3.67kg，淀粉含量为29.0%，固形物含量较高（40%～42%），氢氰酸含量较低（20～30mg/kg）。

【利用价值】因氢氰酸含量低，可直接食用，蒸煮食用口感较好，适合制作食用木薯全粉。现直接种植利用，或可作为亲本用于食用木薯品种选育。

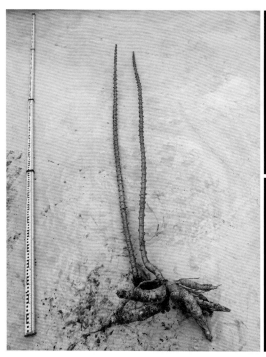
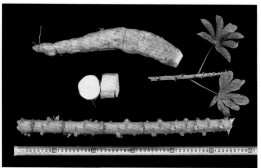

16. 响水木薯

【采集地】广西崇左市龙州县响水镇高峰村。

【当地种植情况】在龙州县响水镇零星种植，主要由农民自行留种、自产自销。

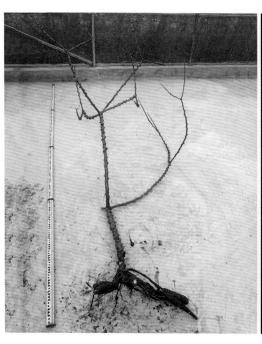
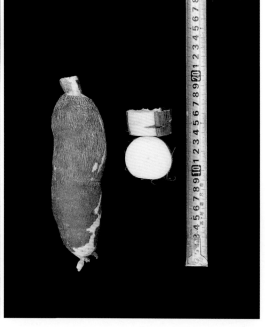

【主要特征特性】在南宁种植,株型伞型,株高280cm;顶端嫩叶浅绿色,叶片裂叶拱形,裂叶数为7,叶柄淡绿色;主茎高80cm,茎的分叉主要为二分叉,成熟主茎外皮灰绿色,内皮深绿色;块根圆锥-圆柱形,外皮淡褐色,内皮白色,肉质白色,块根7～12个,呈不规则分布;单株收获指数为0.5,单株产量为2.08kg,淀粉含量为29.3%,固形物含量较高(41%～43%),氢氰酸含量略高(50～120mg/kg)。

【利用价值】食用前需进行泡水等简单处理,蒸煮食用口感较粉,适合制作食用木薯全粉。现直接种植利用,或可作为亲本用于食用木薯品种选育。

17. 上龙木薯

【采集地】广西崇左市龙州县上龙乡上龙村。

【当地种植情况】在龙州县上龙乡零星种植,主要由农民自行留种、自产自销。

【主要特征特性】在南宁种植,株型伞型,株高300cm;顶端嫩叶浅绿色,叶片裂叶拱形,裂叶数为7,叶柄红色;主茎高98cm,茎的分叉为三分叉,成熟主茎外皮灰绿色,内皮绿色;块根圆锥-圆柱形,外皮乳黄色,内皮乳白色,肉质乳白色,块根9～13个,呈不规则分布;单株收获指数小于0.5,单株产量为1.55kg,淀粉含量为29.6%,固形物含量较高(42%～46%),氢氰酸含量较低(20～30mg/kg)。

【利用价值】因氢氰酸含量低,可直接食用,蒸煮食用口感香甜,适合制作食用木薯全粉。现直接种植利用,或可作为亲本用于食用木薯品种选育。

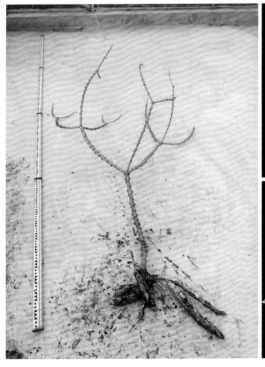
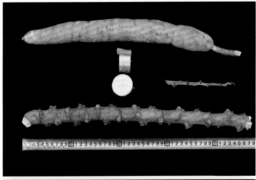

18. 大坡木薯

【采集地】广西北海市合浦县西场镇大坡村。

【当地种植情况】在合浦县西场镇大坡村零星种植，主要由农民自行留种、自产自销。

【主要特征特性】在南宁种植，株型紧凑，株高250cm；顶端嫩叶紫绿色，有绒毛，叶片裂叶戟形，裂叶数为7，叶柄淡绿色；主茎高95cm，茎的分叉主要为三分叉，成熟主茎外皮灰褐色，内皮浅绿色；块根圆锥-圆柱形，外皮深褐色，内皮粉红色，肉质白色，块根4～10个，呈不规则分布；单株收获指数小于0.5，单株产量为0.75kg，淀粉含量为28.1%，氢氰酸含量较低（20～30mg/kg）。

【利用价值】因氢氰酸含量低，可直接食用，蒸煮食用口感较好。现直接种植利用，或可作为亲本用于食用木薯品种选育。

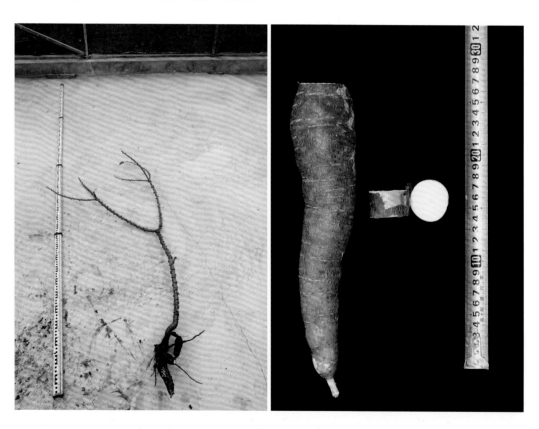

19. 凤山木薯

【采集地】广西玉林市博白县凤山镇凤山村。

【当地种植情况】在博白县凤山镇零星种植，主要由农民自行留种、自产自销。

【主要特征特性】在南宁种植，株型紧凑，株高275cm；顶端嫩叶浅绿色，叶片裂叶披针形，裂叶数为7，叶柄绿色；主茎高90cm，茎的分叉为三分叉，成熟主茎外皮灰绿色，内皮深绿色；块根圆锥-圆柱形，外皮深褐色，内皮白色，肉质白色，块根7～11个，呈水平分布；单株收获指数小于0.5，单株产量为1.33kg，淀粉含量为27.7%，氢氰酸含量略高（100～150mg/kg）。

【利用价值】食用前需进行泡水等简单处理，蒸煮后食用。现直接种植利用，或可作为亲本用于食用木薯品种选育。

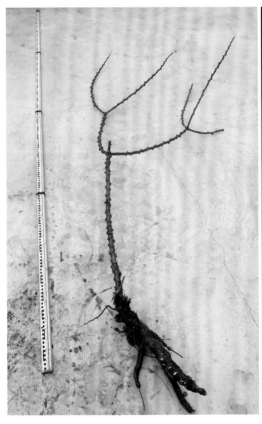
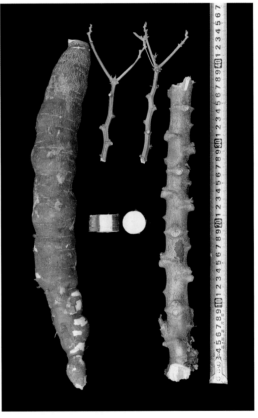

20. 龙州木薯

【采集地】广西崇左市龙州县彬桥乡。

【当地种植情况】在龙州县零星种植，主要由农民自行留种、自产自销。

【主要特征特性】在南宁种植，株型直立，株高256cm；顶端嫩叶浅绿色，叶片裂叶戟形，裂叶数为7，叶柄红带绿色；茎无分叉，成熟主茎外皮灰绿色，内皮深绿色；块根圆锥-圆柱形，外皮乳黄色，内皮白色，肉质乳黄色，块根10～14个，呈水平分布；单株收获指数为0.5，单株产量为1.42kg，淀粉含量为26.9%，氢氰酸含量中等

（50~70mg/kg）。

【利用价值】食用前需进行泡水等简单处理，蒸煮食用口感较好。现直接种植利用，株型好，或可作为亲本用于食用木薯品种选育。

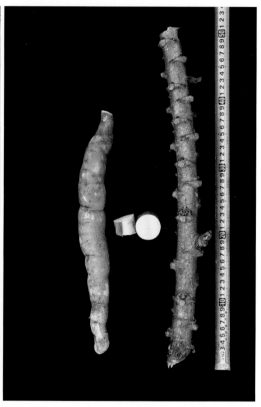

21. 昭平木薯

【采集地】广西贺州市昭平县昭平镇大壮村。

【当地种植情况】在昭平县昭平镇零星种植，主要由农民自行留种、自产自销。

【主要特征特性】在南宁种植，株型直立，株高332cm；顶端嫩叶浅绿色，有绒毛，叶片裂叶戟形，裂叶数为7，叶柄红带绿色；茎无分叉，成熟主茎外皮灰绿色，内皮深绿色；块根圆锥-圆柱形，外皮乳黄色，内皮白色，肉质乳黄色，块根6~13个，呈垂直分布；单株收获指数小于0.5，单株产量为2.74kg，淀粉含量为28.1%，氢氰酸含量较低（30~50mg/kg）。

【利用价值】因氢氰酸含量低，可直接食用，蒸煮后薯肉呈乳黄色，制成木薯汁颜色、口感较好。现直接种植利用，株型好，或可作为亲本用于食用木薯品种选育。

22. 高峰木薯

【采集地】广西玉林市兴业县高峰镇太平村。

【当地种植情况】在兴业县高峰镇零星种植，主要由农民自行留种、自产自销。

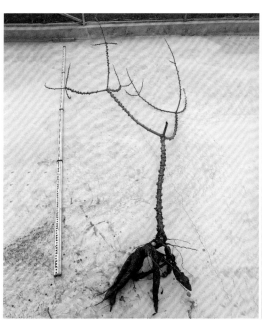
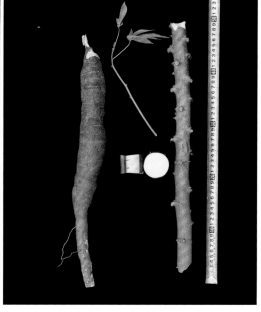

【主要特征特性】在南宁种植，株型伞型，株高 282cm；顶端嫩叶紫绿色，有绒毛，叶片裂叶披针形，裂叶数为 7，叶柄淡绿色；主茎高 65cm，茎的分叉为三分叉，成熟主茎外皮灰绿色，内皮深绿色；块根圆锥-圆柱形，外皮淡褐色，内皮乳白色，肉质白色，块根 5～10 个，呈水平分布；单株收获指数小于 0.5，单株产量为 2.22kg，淀粉含量为 29.7%，固形物含量较高（42%～47%），氢氰酸含量中等（50～100mg/kg）。

【利用价值】食用前需进行泡水等简单处理，蒸煮食用口感较粉，适合制成食用木薯全粉。现直接种植利用，或可作为亲本用于食用木薯品种选育。

23. 三合木薯 I

【采集地】广西钦州市浦北县三合镇三鸽村。

【当地种植情况】在浦北县三合镇零星种植，主要由农民自行留种、自产自销。

【主要特征特性】在南宁种植，株型开张，株高 180cm；顶端嫩叶紫绿色，叶片裂叶披针形，裂叶数为 7，叶柄红带绿色；主茎高 85cm，茎的分叉为三分叉，成熟主茎外皮黄褐色，内皮浅绿色；块根圆锥形，外皮褐色，内皮乳白色，肉质黄色，块根 5～10 个，呈水平分布；单株收获指数小于 0.5，单株产量为 1.20kg，淀粉含量为 26.4%，氢氰酸含量较低（20～30mg/kg）。

【利用价值】因氢氰酸含量低，可直接食用，蒸煮或制成木薯汁，颜色、口感佳。现直接种植利用，或可作为亲本用于食用木薯品种选育。

24. 三合木薯 II

【采集地】广西钦州市浦北县三合镇三鸽村。

【当地种植情况】在浦北县三合镇零星种植，主要由农民自行留种、自产自销。

【主要特征特性】在南宁种植，株型直立，株高256cm；顶端嫩叶紫色，有绒毛，叶片裂叶线性金字塔形，裂叶数为9，叶柄红色；主茎高120cm，茎无分叉或少分叉，成熟主茎外皮灰褐色，内皮绿色；块根圆锥－圆柱形，外皮褐色，内皮白色，肉质白色，块根8～12个，呈水平分布；单株收获指数小于0.5，淀粉含量为28.1%，固形物含量较高（40%～42%），氢氰酸含量中等（50～100mg/kg）。

【利用价值】食用前需进行泡水等简单处理，蒸煮食用口感香甜，且适合制作食用木薯全粉。现直接种植利用，或可作为亲本用于食用木薯品种选育。

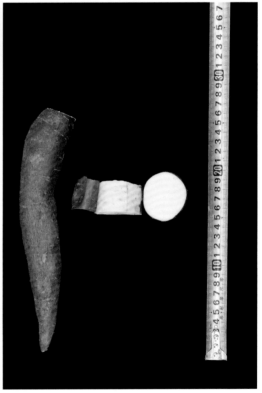

25. 三合木薯 III

【采集地】广西钦州市浦北县三合镇长安村。

【当地种植情况】在浦北县三合镇零星种植，主要由农民自行留种、自产自销。

【主要特征特性】在南宁种植，株型紧凑，株高325cm；顶端嫩叶紫绿色，叶片裂叶披针形，裂叶数为 7，叶柄红色；主茎高 223cm，茎的分叉为三分叉，成熟主茎外皮红褐色，内皮浅绿色；块根圆锥－圆柱形，外皮深褐色，内皮白色，肉质白色，块根 4～7 个，呈垂直分布；单株收获指数小于 0.5，单株产量为 3.30kg，淀粉含量为 26.5%，固形物含量较低（37%～39%），氢氰酸含量低（20～30mg/kg）。

【利用价值】因氢氰酸含量低，可直接食用，蒸煮食用口感较好，且适合加工成木薯薯片。现直接种植利用，株型好，或可作为亲本用于食用木薯品种选育。

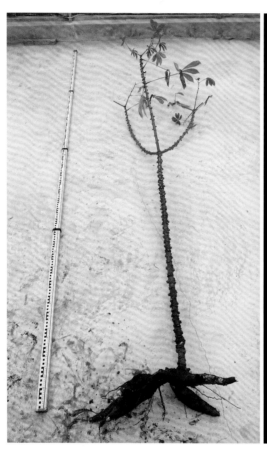 

26. 龙门木薯 I

【采集地】广西钦州市浦北县龙门镇林塘村。

【当地种植情况】在浦北县龙门镇零星种植，主要由农民自行留种、自产自销。

【主要特征特性】在南宁种植，株型紧凑，株高 240cm；顶端嫩叶浅绿色，有绒毛，叶片裂叶提琴形，裂叶数为 7，叶柄绿带红色；茎的分叉为三分叉，成熟主茎外皮灰褐色，内皮浅绿色；块根圆锥－圆柱形，外皮褐色，内皮粉红色，肉质白色，块根 3～7 个，呈水平分布；单株收获指数小于 0.5，单株产量为 2.92kg，淀粉含量为

28.3%，氢氰酸含量低（20～30mg/kg）。

【利用价值】因氢氰酸含量低，可直接食用，蒸煮食用口感较粉。现直接种植利用，或可作为亲本用于食用木薯品种选育。

27. 龙门木薯 II

【采集地】广西钦州市浦北县龙门镇林塘村。

【当地种植情况】在浦北县龙门镇零星种植，主要由农民自行留种、自产自销。

【主要特征特性】在南宁种植，株型紧凑，株高261cm；顶端嫩叶浅绿色，叶片裂叶披针形，裂叶数为7，叶柄红带绿色；主茎高105cm，茎的分叉为三分叉，成熟主茎外皮灰褐色，内皮浅绿色；块根圆锥－圆柱形，外皮褐色，内皮黄色，肉质黄色，块根6～11个，呈水平分布；单株收获指数小于0.5，单株产量为1.73kg，淀粉含量为26.0%，氢氰酸含量较低（20～30mg/kg）。

【利用价值】因氢氰酸含量低，可直接食用，蒸煮后薯肉呈黄色，食用口感较好，适合制成木薯汁或加工成木薯薯片。现直接种植利用，或可作为亲本用于食用木薯品种选育。

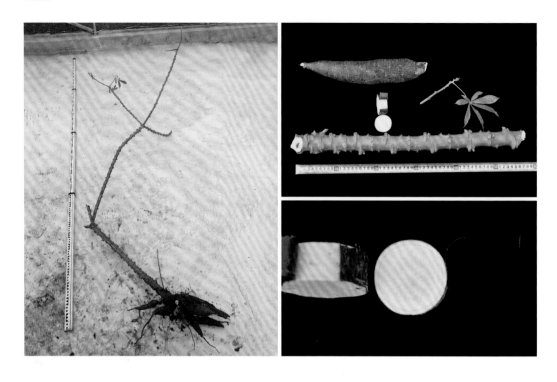

28. 龙门木薯Ⅲ

【采集地】广西钦州市浦北县龙门镇林塘村。

【当地种植情况】在浦北县龙门镇零星种植,主要由农民自行留种、自产自销。

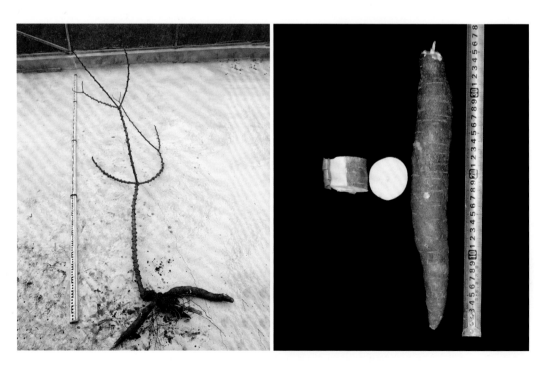

【主要特征特性】在南宁种植，株型伞型，株高312cm；顶端嫩叶紫色，叶片裂叶披针形，裂叶数为7，叶柄绿色；主茎高112cm，茎的分叉为三分叉，成熟主茎外皮灰绿色，内皮深绿色；块根圆锥-圆柱形，外皮褐色，内皮白色，肉质白色，块根10~15个，呈垂直分布；单株收获指数小于0.5，单株产量为1.78kg，淀粉含量为31.0%，固形物含量较高（44%~48%），氢氰酸含量中等（50~80mg/kg）。

【利用价值】食用前需进行泡水等简单处理，蒸煮食用口感香、糯、Q弹，适合制作木薯羹，或加工成食用木薯全粉。现直接种植利用，或可作为亲本用于食用木薯品种选育。

29. 东坡木薯 I

【采集地】广西北海市合浦县西场镇东坡村。

【当地种植情况】在合浦县西场镇东坡村零星种植，主要由农民自行留种、自产自销。

【主要特征特性】在南宁种植，株型紧凑，株高232cm；顶端嫩叶浅绿色，叶片裂叶披针形，裂叶数为7，叶柄红带绿色；主茎高125cm，茎的分叉为三分叉，成熟主茎外皮红褐色，内皮浅绿色；块根圆锥形，外皮深褐色，内皮粉红色，肉质白色，块根6~9个，呈垂直分布；单株收获指数小于0.5，单株产量为2.07kg，淀粉含量为29.4%，固形物含量较高（41%~44%），氢氰酸含量低（20~30mg/kg）。

【利用价值】因氢氰酸含量低，可直接食用，蒸煮食用口感较粉，且适合制作食用木薯全粉。现直接种植利用，或可作为亲本用于食用木薯品种选育。

30. 东坡木薯 II

【采集地】广西北海市合浦县西场镇东坡村。

【当地种植情况】在合浦县西场镇东坡村零星种植，主要由农民自行留种、自产自销。

【主要特征特性】在南宁种植，株型紧凑，株高 295cm；顶端嫩叶浅绿色，叶片裂叶披针形，裂叶数为 7，叶柄红色；主茎高 125cm，茎的分叉为三分叉，成熟主茎外皮红褐色，内皮浅绿色；块根圆柱形，外皮深褐色，内皮粉红色，肉质白色，块根 4~8 个，呈垂直分布；单株收获指数小于 0.5，单株产量为 1.95kg，淀粉含量为 26.9%，氢氰酸含量低（20~30mg/kg）。

【利用价值】因氢氰酸含量低，可直接食用，蒸煮食用口感较好，且适合加工成木薯薯片。现直接种植利用，或可作为亲本用于食用木薯品种选育。

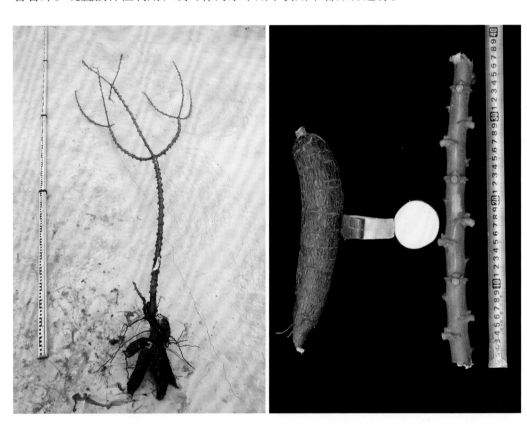

31. 南康木薯

【采集地】广西北海市铁山港区南康镇大塘村。

【当地种植情况】在铁山港区南康镇零星种植，主要由农民自行留种、自产自销。

【主要特征特性】在南宁种植，株型紧凑，株高230cm；顶端嫩叶浅绿色，叶片裂叶披针形，裂叶数为7，叶柄红色；主茎高125cm，茎的分叉为三分叉，成熟主茎外皮红褐色，内皮浅绿色；块根圆锥形，外皮深褐色，内皮红色，肉质白色，块根3~6个，呈垂直分布；单株收获指数小于0.5，单株产量为0.73kg，淀粉含量为26.6%，氢氰酸含量低（20~30mg/kg）。

【利用价值】因氢氰酸含量低，可直接食用，蒸煮食用口感较好，且适合制作木薯薯片。现直接种植利用，或可作为亲本用于食用木薯品种选育。

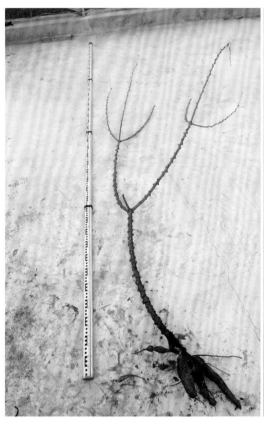
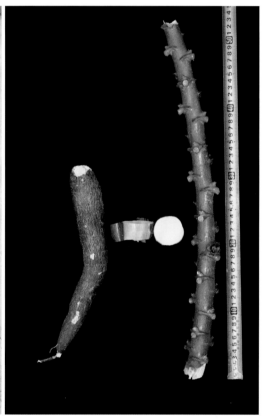

32. 西场木薯

【采集地】广西北海市合浦县西场镇大坡村。

【当地种植情况】在合浦县西场镇零星种植，主要由农民自行留种、自产自销。

【主要特征特性】在南宁种植，株型伞型，株高297cm；顶端嫩叶紫绿色，叶片裂叶披针形，裂叶数为7，叶柄红带绿色；主茎高56cm，茎的分叉为三分叉，成熟主茎外皮黄褐色，内皮绿色；块根圆锥-圆柱形，外皮褐色，内皮白色，肉质黄色，块根3~6个，呈垂直分布；单株收获指数小于0.5，单株产量为2.45kg，淀粉含量为

27.1%，氢氰酸含量低（20～30mg/kg）。

【利用价值】因氢氰酸含量低，可直接食用，蒸煮后薯肉呈黄色，食用口感细腻，且适合制成木薯汁饮用。现直接种植利用，或可作为亲本用于食用木薯品种选育。

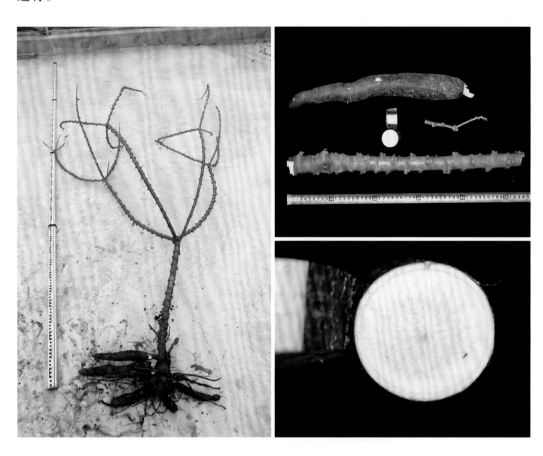

33. 坛洛木薯

【采集地】广西南宁市西乡塘区坛洛镇坛洛村。

【当地种植情况】在西乡塘区坛洛镇零星种植，主要由农民自行留种、自产自销。

【主要特征特性】在南宁种植，株型直立，株高263cm；顶端嫩叶浅绿色，叶片裂叶拱形，裂叶数为7，叶柄红色；茎无分叉，成熟主茎外皮灰绿色，内皮绿色；块根圆锥-圆柱形，外皮褐色，内皮白色，肉质乳黄色，块根6～15个，呈水平分布；单株收获指数小于0.5，单株产量为1.85kg，淀粉含量为29.3%，固形物含量较高（42%～45%），氢氰酸含量低（10～30mg/kg）。

【利用价值】因氢氰酸含量低，可直接食用，蒸煮食用口感较粉，且适合加工成食用木薯全粉。现直接种植利用，或可作为亲本用于食用木薯品种选育。

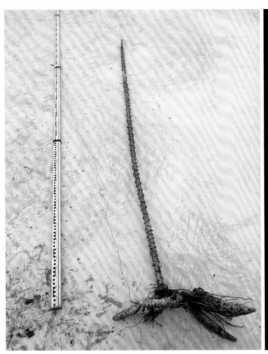 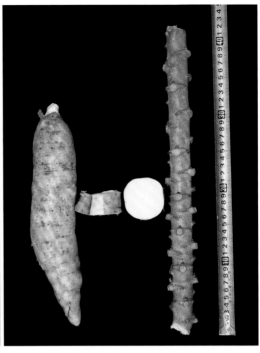

34. 振民木薯

【**采集地**】广西柳州市融水苗族自治县红水乡振民村振民屯。

【**当地种植情况**】在融水苗族自治县红水乡振民村零星种植，主要由农民自行留

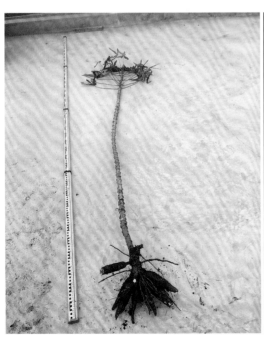 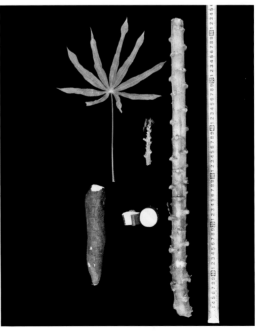

种、自产自销。

【主要特征特性】在南宁种植，株型直立，株高322cm；顶端嫩叶浅绿色，叶片裂叶线形，裂叶数为9，叶柄紫红色；茎无分叉，成熟主茎外皮灰褐色，内皮绿色；块根圆锥-圆柱形，外皮深褐色，内皮白色，肉质白色，块根10~14个，呈水平分布；单株收获指数为0.5，单株产量为3.75kg，淀粉含量为27.5%，氢氰酸含量低（20~30mg/kg）。

【利用价值】因氢氰酸含量低，可直接食用，蒸煮食用口感好。现直接种植利用，或可作为亲本用于食用木薯品种选育。

35. 云际木薯

【采集地】广西柳州市融水苗族自治县融水镇云际村坡寨屯。

【当地种植情况】在融水苗族自治县融水镇云际村零星种植，主要由农民自行留种、自产自销。

【主要特征特性】在南宁种植，株型直立，株高250cm；顶端嫩叶浅绿色，有绒毛，叶片裂叶线形，裂叶数为9，叶柄紫红色；茎无分叉，成熟主茎外皮灰褐色，内皮深绿色；块根圆锥-圆柱形，外皮褐色，内皮白色，肉质白色，块根11~16个，呈无规则分布；单株收获指数小于0.5，单株产量为3.26kg，淀粉含量为26.7%，氢氰酸含量中等（50~100mg/kg）。

【利用价值】食用前需进行泡水等简单处理，适合蒸煮食用或制作木薯薯片。现直接种植利用，或可作为亲本用于食用木薯品种选育。

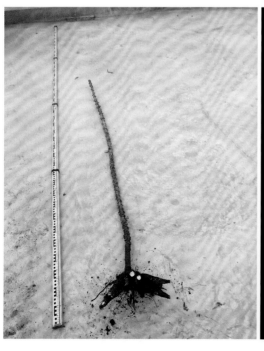
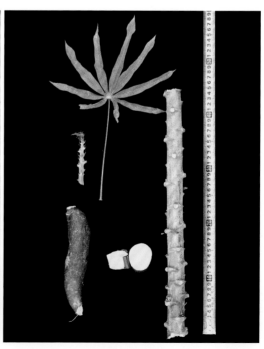

36. 浦源木薯

【采集地】广西桂林市恭城瑶族自治县莲花镇浦源村浦源屯。

【当地种植情况】在恭城瑶族自治县莲花镇浦源村零星种植，主要由农民自行留种、自产自销。

【主要特征特性】在南宁种植，株型紧凑，株高 315cm；顶端嫩叶浅绿色，有绒毛，叶片裂叶披针形，裂叶数为 7，叶柄淡绿色；主茎高 125cm，茎的分叉为二分叉，成熟主茎外皮褐色，内皮深绿色；块根圆柱形，外皮褐色，内皮白色，肉质白色，块根 9～13 个，呈水平分布；单株收获指数小于 0.5，单株产量为 1.95kg，淀粉含量为 27.7%，氢氰酸含量中等（50～100mg/kg）。

【利用价值】食用前需进行泡水等简单处理，适合蒸煮食用，口感较粉。现直接种植利用，或可作为亲本用于食用木薯品种选育。

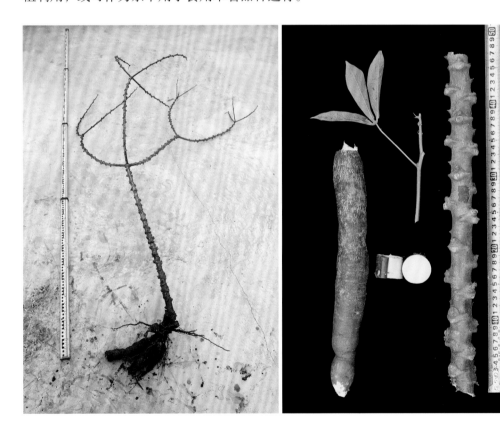

37. 长山木薯

【采集地】广西桂林市恭城瑶族自治县西岭镇德良村长山屯。

【当地种植情况】在恭城瑶族自治县西岭镇德良村长山屯零星种植，主要由农民自行留种、自产自销。

【主要特征特性】在南宁种植，株型直立，株高310cm；顶端嫩叶浅绿色，有绒毛，叶片裂叶提琴形，裂叶数为7，叶柄淡绿色；茎无分叉，成熟主茎外皮灰绿色，内皮深绿色；块根圆锥-圆柱形，外皮淡褐色，内皮白色，肉质乳黄色，块根8～11个，呈无规则分布；单株收获指数小于0.5，单株产量为2.01kg，淀粉含量为28.6%，氢氰酸含量低（10～20mg/kg）。

【利用价值】因氢氰酸含量低，可直接食用，蒸煮后肉质呈淡黄色，食用口感较粉，且适合制成木薯汁饮用。现直接种植利用，或可作为亲本用于食用木薯品种选育。

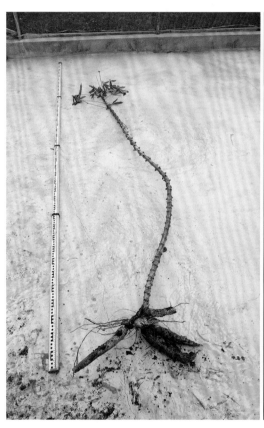
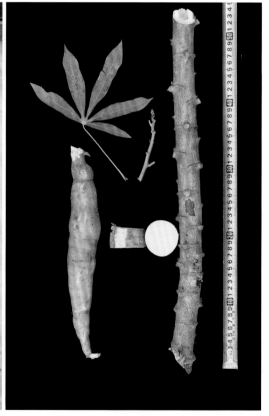

38. 八角木薯

【采集地】广西崇左市龙州县八角乡龙边村。

【当地种植情况】在龙州县八角乡零星种植，主要由农民自行留种、自产自销。

【主要特征特性】在南宁种植，株型伞型，株高189cm；顶端嫩叶紫绿色，有绒毛，叶片裂叶披针形，裂叶数为7，叶柄淡绿色；主茎高115cm，茎的分叉为三分叉，成熟主茎外皮灰褐色，内皮深绿色；块根圆柱形，外皮褐色，内皮乳白色，肉质白色，块根 5～11 个，呈水平分布；单株收获指数小于 0.5，单株产量为 2.20kg，淀粉含量为 29.4%，固形物含量较高（43%～47%），氢氰酸含量中等（50～100mg/kg）。

【利用价值】食用前需进行泡水等简单处理，适合蒸煮食用或制作食用木薯全粉。现直接种植利用，或可作为亲本用于食用木薯品种选育。

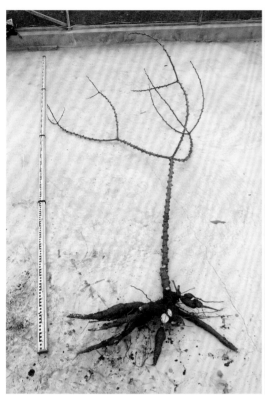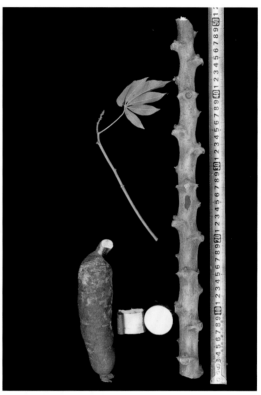

39. 彬桥木薯 I

【采集地】广西崇左市龙州县彬桥乡彬桥村。

【当地种植情况】在龙州县彬桥乡零星种植，主要由农民自行留种、自产自销。

【主要特征特性】在南宁种植，株型开张，株高 242cm；顶端嫩叶紫色，有绒毛，叶片裂叶披针形，裂叶数为 7，叶柄红带绿色；主茎高 100cm，茎的分叉为三分叉，成熟主茎外皮灰绿色，内皮绿色；块根纺锤形，外皮乳黄色，内皮白色，肉质乳黄色，块根 11～16 个，呈水平分布；单株收获指数小于 0.5，单株产量为 4.33kg，淀粉含量为 26.7%，氢氰酸含量较低（20～30mg/kg）。

【利用价值】因氢氰酸含量低，可直接食用，蒸煮后薯肉呈浅黄色，制作木薯汁颜色口感较好，且适合用于加工木薯薯片。现直接种植利用，或可作为亲本用于食用木薯品种选育。

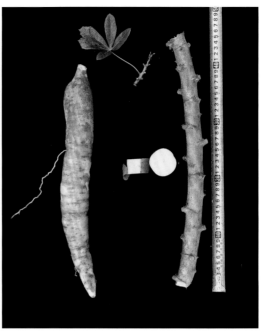

40. 彬桥木薯 II

【采集地】广西崇左市龙州县彬桥乡彬桥村。

【当地种植情况】在龙州县彬桥乡零星种植，主要由农民自行留种、自产自销。

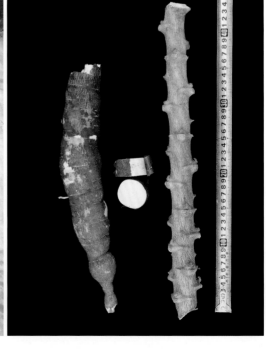

【主要特征特性】在南宁种植，株型伞型，株高286cm；顶端嫩叶紫绿色，叶柄淡绿色；主茎高77cm，茎的分叉为三分叉，成熟主茎外皮灰绿色，内皮深绿色；块根纺锤形，外皮褐色，内皮白色，肉质白色，块根6～10个，呈不规则分布；单株收获指数小于0.5，单株产量为3.52kg，淀粉含量为28.3%，氢氰酸含量中等（50～100mg/kg）。

【利用价值】食用前需进行泡水等简单处理，蒸煮后薯肉呈白色，食用口感较粉。现直接种植利用，或可作为亲本用于食用木薯品种选育。

41. 双源木薯

【采集地】广西桂林市恭城瑶族自治县三江乡大地村双源屯。

【当地种植情况】在恭城瑶族自治县三江乡大地村双源屯零星种植，主要由农民自行留种、自产自销。

【主要特征特性】在南宁种植，株型紧凑，株高330cm；顶端嫩叶浅绿色，有绒毛，叶片裂叶线形，裂叶数为7，叶柄红色；主茎高125cm，茎的分叉为二分叉或三分叉，成熟主茎外皮黄褐色，内皮绿色；块根圆锥-圆柱形，外皮深褐色，内皮白色，肉质白色，块根9～12个，呈水平分布；单株收获指数小于0.5，单株产量为1.85kg，淀粉含量为26.0%，氢氰酸含量较低（30～50mg/kg）。

【利用价值】适合蒸煮食用或制作成木薯薯片。现直接种植利用，或可作为亲本用于食用木薯品种选育。

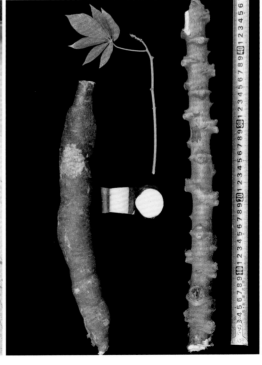

42. 融水木薯

【采集地】广西柳州市融水苗族自治县融水镇新安村。

【当地种植情况】在融水苗族自治县融水镇零星种植，主要由农民自行留种、自产自销。

【主要特征特性】在南宁种植，株型直立，株高276cm；顶端嫩叶浅绿色，叶片裂叶提琴形，裂叶数为7，叶柄红色；主茎高100cm，茎无分叉，成熟主茎外皮褐色，内皮绿色；块根圆锥形，外皮深褐色，内皮白色，肉质乳黄色，块根6～11个，呈水平分布；单株收获指数大于0.5，单株产量为1.63kg，淀粉含量为28.2%，氢氰酸含量较低（30～50mg/kg）。

【利用价值】适合于蒸煮食用，食用口感较粉。现直接种植利用，株型好，或可作为亲本用于食用木薯品种选育。

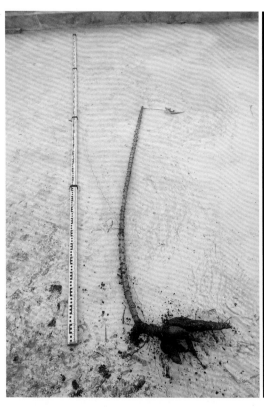
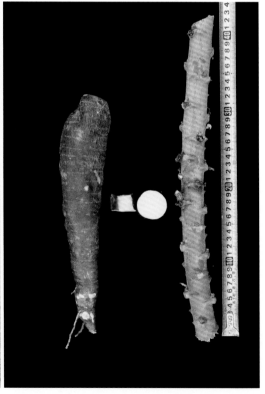

43. 名山木薯 I

【采集地】广西玉林市玉州区名山镇旺瑶村。

【当地种植情况】在玉州区名山镇零星种植，主要由农民自行留种、自产自销。

【**主要特征特性**】在南宁种植，株型伞型，株高 280cm；顶端嫩叶紫绿色，叶片裂叶披针形，裂叶数为 7，叶柄红带绿色；茎的分叉为三分叉，成熟主茎外皮灰绿色，内皮绿色；块根圆锥–圆柱形，外皮深褐色，内皮乳黄色，肉质黄色，块根 5～10 个，呈垂直分布；单株收获指数小于 0.5，单株产量为 0.79kg，淀粉含量为 26.9%，氢氰酸含量低（20～30mg/kg）。

【**利用价值**】因氢氰酸含量低，可直接食用，蒸煮后薯肉呈黄色，食用口感较好，适合制作木薯汁和木薯薯片。现直接种植利用，或可作为亲本用于食用木薯品种选育。

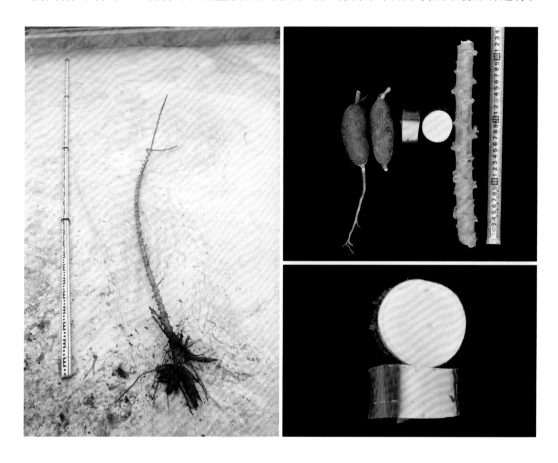

44. 名山木薯 II

【**采集地**】广西玉林市玉州区名山镇旺瑶村。

【**当地种植情况**】在玉州区名山镇零星种植，主要由农民自行留种、自产自销。

【**主要特征特性**】在南宁种植，株型伞型，株高 300cm；顶端嫩叶绿色，叶柄绿带红色；茎的分叉为三分叉，成熟主茎外皮灰绿色，内皮深绿色；块根圆锥形，外皮淡褐色，内皮粉红色，肉质乳黄色，块根 4～10 个，呈水平分布；单株收获指数小于0.5，单株产量为 3.25kg，淀粉含量为 27.1%，氢氰酸含量较低（30～50mg/kg）。

【利用价值】适合蒸煮食用，蒸煮后薯肉呈白色，食味性好。现直接种植利用，或可作为亲本用于食用木薯品种选育。

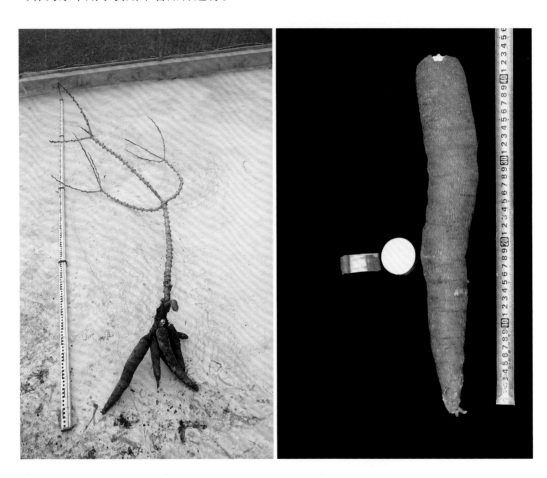

45. 玉林木薯

【采集地】广西玉林市陆川县。

【当地种植情况】在玉林市各乡镇零星种植，主要由农民自行留种、自产自销。

【主要特征特性】在南宁种植，株型紧凑，株高320cm；叶片裂叶提琴形，裂叶数为7，叶柄红带乳黄色；茎的分叉为三分叉，成熟主茎外皮红褐色，内皮浅绿色；块根纺锤形，外皮红褐色，内皮粉红色，肉质乳黄色，块根4~8个，呈垂直分布；单株收获指数小于0.5，单株产量为1.86kg，淀粉含量为27.7%，氢氰酸含量中等（50~100mg/kg）。

【利用价值】食用前需进行泡水等简单处理，蒸煮后薯肉呈乳黄色，食用口感细腻，适合制作木薯汁或加工成木薯薯片。现直接种植利用，或可作为亲本用于食用木薯品种选育。

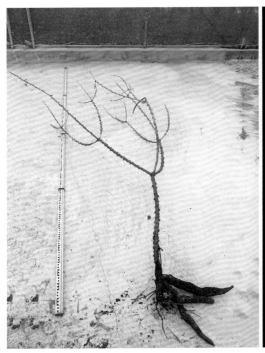
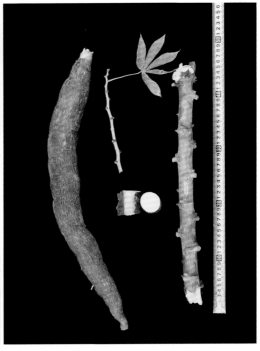

46. 三江木薯

【采集地】广西桂林市恭城瑶族自治县三江乡对面岭村。

【当地种植情况】在恭城瑶族自治县三江乡零星种植，主要由农民自行留种、自产自销。

【主要特征特性】在南宁种植，株型紧凑，株高264cm；顶端嫩叶浅绿色，叶片裂叶提琴形，裂叶数为7，叶柄红色；主茎高74cm，茎的分叉为三分叉，成熟主茎外皮红褐色，内皮绿色；块根圆柱形，外皮深褐色，内皮奶白色，肉质乳黄色，块根4～8个，呈水平分布；单株收获指数小于0.5，单株产量为4.24kg，淀粉含量为28.3%，氢氰酸含量较低（30～50mg/kg）。

【利用价值】蒸煮后薯肉呈淡黄色，食用口感较粉，适合制作木薯汁。现直接种植利用，或可作为亲本用于食用木薯品种选育。

47. 新圩木薯

【采集地】广西南宁市西乡塘区新圩镇大岭村。

【当地种植情况】在西乡塘区新圩乡零星种植，主要由农民自行留种、自产自销。

【主要特征特性】在南宁种植，株型伞型，株高300cm；顶端嫩叶浅绿色，有绒毛，叶片裂叶拱形，裂叶数为7，叶柄红色；主茎高72cm，茎的分叉为三分叉或二分

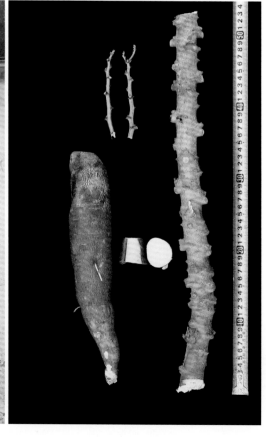

叉，成熟主茎外皮灰绿色，内皮绿色；块根圆锥形，外皮淡褐色，内皮乳黄色，肉质白色，块根 9～13 个，呈水平分布；单株收获指数小于 0.5，单株产量为 1.59kg，淀粉含量为 27.5%，氢氰酸含量低（10～30mg/kg）。

【利用价值】因氢氰酸含量低，可直接食用，蒸煮后薯肉呈白色，食用口感细腻。现直接种植利用，或可作为亲本用于食用木薯品种选育。

48. 石湾木薯

【采集地】广西北海市合浦县石湾镇清水村。

【当地种植情况】在合浦县石湾镇零星种植，主要由农民自行留种、自产自销。

【主要特征特性】在南宁种植，株型紧凑，株高 281cm；顶端嫩叶浅绿色，叶片裂叶披针形，裂叶数为 7，叶柄紫红色；主茎高 112cm，茎的分叉为三分叉，成熟主茎外皮灰褐色，内皮浅绿色；块根圆锥 – 圆柱形，外皮深褐色，内皮粉红色，肉质白色，块根 7～15 个，呈水平分布；单株收获指数小于 0.5，单株产量为 4.33kg，淀粉含量为 29.1%，固形物含量较高（41%～43%），氢氰酸含量低（20～30mg/kg）。

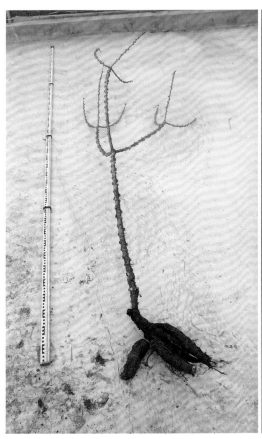
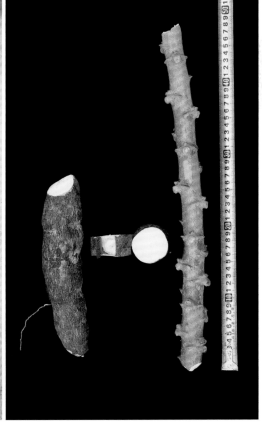

【利用价值】因氢氰酸含量低，可直接食用，蒸煮后薯肉呈白色，食味性好，适合制作食用木薯全粉。现直接种植利用，或可作为亲本用于食用木薯品种选育。

49. 仁厚木薯

【采集地】广西玉林市玉州区仁厚镇仁厚村。

【当地种植情况】在玉州区仁厚镇零星种植，主要由农民自行留种、自产自销。

【主要特征特性】在南宁种植，株型伞型，株高360cm；顶端嫩叶紫绿色，叶片裂叶披针形，裂叶数为7，叶柄绿色；茎的分叉为三分叉或二分叉，成熟主茎外皮灰绿色，内皮深绿色；块根圆柱形，外皮淡褐色，内皮乳黄色，肉质白色，块根7～13个，呈不规则分布；单株收获指数小于0.5，单株产量为2.38kg，淀粉含量为28.0%，氢氰酸含量中等（50～100mg/kg）。

【利用价值】食用前需进行泡水等简单处理，蒸煮后薯肉呈白色，食用口感较粉。现直接种植利用，或可作为亲本用于食用木薯品种选育。

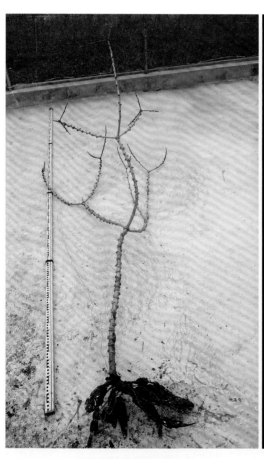
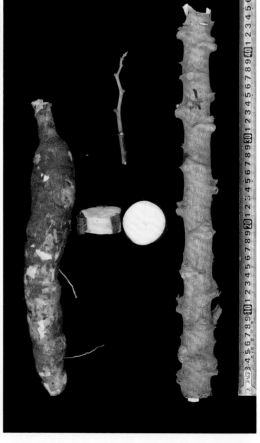

50. 江口木薯

【采集地】广西贵港市桂平市江口镇长江村。

【当地种植情况】在桂平市江口镇零星种植，主要由农民自行留种、自产自销。

【主要特征特性】在南宁种植，株型紧凑，株高360cm；顶端嫩叶淡绿色，叶片裂叶披针形，裂叶数为7，叶柄绿色；茎的分叉为三分叉，成熟主茎外皮红褐色，内皮绿色；块根圆锥形，外皮深褐色，内皮紫红色，肉质白色，块根4～9个，呈垂直分布；单株收获指数小于0.5，单株产量为1.95kg，淀粉含量为27.6%，氢氰酸含量低（20～30mg/kg）。

【利用价值】因氢氰酸含量低，可直接食用，蒸煮后薯肉呈白色，食味性好。现直接种植利用，或可作为亲本用于食用木薯品种选育。

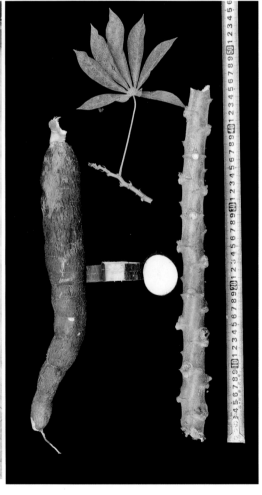

第三节 淮山种质资源介绍

1. 新江淮山

【采集地】广西桂林市灵川县青狮潭镇新江村大坪圩屯。

【当地种植情况】在灵川县各乡镇种植，主要由农民自行留种、自产自销，也有种植户进行规模种植并向市场销售。

【主要特征特性】[①]在南宁种植，茎右旋、圆棱形、紫绿色；叶片剑形、叶尖锐尖、深绿色、有蜡质层，叶序下部互生、上中部对生，叶腋间长零余子；薯块圆柱形，长65.0cm、宽4.0cm；薯皮灰色、根毛少；薯块横切面乳白色、光滑、胶质多；单株薯重

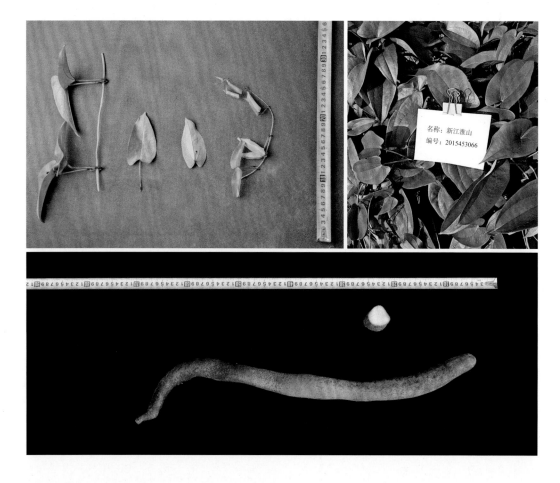

---

① 【主要特征特性】所列淮山种质资源的农艺性状数据均为 2016~2018 年田间鉴定数据的平均值，后文同

1.2kg；不开花、无果实种子。新江淮山薯条中短型，抗性强，病虫害少、肉质细腻、黏度好。

【利用价值】主要用于煲汤、涮火锅等，煲汤可与排骨等同时放入，久煮不烂、口感粉面。现直接种植利用，通常采用淮山定向结薯栽培技术种植。

2. 黄竹淮山

【采集地】广西贺州市富川瑶族自治县石家镇黄竹村。

【当地种植情况】在富川瑶族自治县各乡镇零星种植，主要由农民自行留种、自产自销，也有种植户进行规模种植并向市场销售。

【主要特征特性】在南宁种植，茎右旋、圆棱形、紫绿色；叶片剑形、叶尖锐尖、深绿色、有蜡质层，叶序下部互生、上中部对生，叶腋间长零余子；薯块圆柱形，长104.0cm、宽5.9cm；薯皮灰色、根毛少；薯块横切面乳白色、光滑、胶质多；单株薯重1.7kg；不开花、无果实种子。黄竹淮山抗性较强、病害较少，肉质细腻、切面久不褐变而保持乳白色。

【利用价值】主要用于煲汤、涮火锅等，煲汤可与排骨等同时放入，久煮不烂、口感粉面。现直接种植利用，因薯条长，通常采用淮山定向结薯栽培技术种植。

名称：黄竹淮山
编号：P451123005

3. 大兆淮山

【采集地】广西柳州市鹿寨县中渡镇大兆村老鼠坳屯。

【当地种植情况】在鹿寨县中渡镇各村种植，主要由农民自行留种、自产自销。

【主要特征特性】在南宁种植，茎右旋、圆棱形、紫绿色；叶片剑形、叶尖锐尖、深绿色、有蜡质层，叶序下部互生、上中部对生，叶腋间长零余子；薯块圆柱形，长69.0cm、宽9.1cm；薯皮褐色、根毛多；薯块横切面黄白色、粒状、胶质少；单株薯重2.9kg；不开花、无果实种子。大兆淮山高产、广适、抗旱、耐贫瘠，但其切面易氧化褐变。

【利用价值】主要用于煲汤、涮火锅等。现直接种植利用，通常采用淮山定向结薯栽培技术种植。

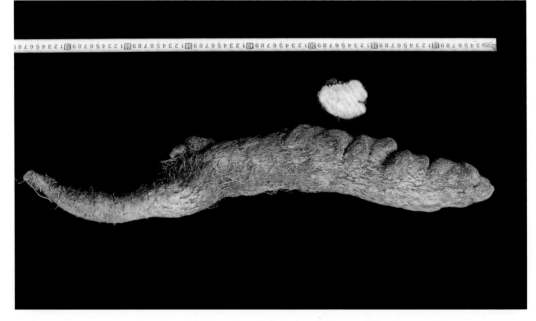

4. 里渡淮山

【采集地】广西桂林市平乐县二塘镇里渡塘尾村。

【当地种植情况】在平乐县各乡镇种植，主要由农民自行留种、自产自销，也有种植户进行规模种植并向市场销售。

【主要特征特性】在南宁种植，茎右旋、圆棱形、紫绿色；叶片剑形、叶尖锐尖、深绿色、有蜡质层，叶序下部互生、上中部对生，叶腋间长零余子；薯块圆柱形，长81.3cm、宽4.6cm；薯皮浅褐色、根毛少；薯块横切面乳白色、光滑、胶质多；单株薯重0.8kg；不开花、无果实种子。里渡淮山抗旱、耐寒，商品性好，肉质细腻。

【利用价值】主要用于煲汤、涮火锅等，煲汤久煮不烂，口感粉面。现直接种植利用，因薯条较长，通常采用淮山定向结薯栽培技术种植。

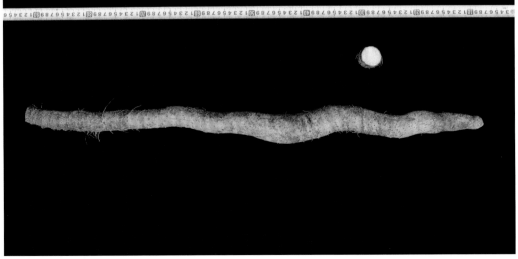

5. 罗政淮山

【采集地】广西玉林市北流市民乐镇罗政村。

【当地种植情况】在北流市各乡镇种植，主要由农民自行留种、自产自销，也有种植户进行规模种植并向市场销售。

【主要特征特性】在南宁种植，茎右旋、圆棱形、紫绿色；叶片剑形、叶尖锐尖、深绿色、有蜡质层、叶序下部互生、上中部对生，叶腋间长零余子；薯块圆柱形，长106.1cm、宽8.5cm；薯皮灰色、根毛少；薯块横切面乳白色、光滑、胶质多；单株薯重3.3kg；不开花、无果实种子。罗政淮山抗旱、抗病虫较强，产量高，商品性好，肉质细腻，粉质多。

【利用价值】主要用于煲汤、涮火锅等，煲汤久煮不烂。现直接种植利用，因薯条较长，通常采用淮山定向结薯栽培技术种植。

6. 武烈淮山

【采集地】广西梧州市苍梧县岭脚镇武烈村。

【当地种植情况】在苍梧县岭脚镇各村种植，主要由农民自行留种、自产自销。

【主要特征特性】在南宁种植，茎右旋、圆棱形、紫绿色；叶片剑形、叶尖锐尖、深绿色、有蜡质层，叶序下部互生、上中部对生，叶腋间长零余子；薯块圆柱形，长88.6cm、宽5.4cm；薯皮褐色、根毛多；薯块横切面乳白色、光滑、胶质多；单株薯重1.9kg；不开花、无果实种子。武烈淮山抗旱，肉质细腻，粉质多。

【利用价值】主要用于煲汤、涮火锅等，煲汤久煮不烂。现直接种植利用，因薯条较长，通常采用淮山定向结薯栽培技术种植。

7. 仁义淮山

【采集地】广西来宾市合山市河里镇仁义村下里屯。

【当地种植情况】在合山市河里镇各村种植，主要由农民自行留种、自产自销。

【主要特征特性】在南宁种植，茎右旋、圆棱形、紫绿色；叶片剑形、叶尖锐尖、深绿色、有蜡质层，叶序下部互生、上中部对生，叶腋间长零余子；薯块圆柱形，长85.0cm、宽4.8cm；薯皮灰色、根毛少；薯块横切面乳白色、光滑、胶质多；单株薯重1.4kg；不开花、无果实种子。仁义淮山抗病、抗虫较好，外观好，肉质细腻。

【利用价值】主要用于煲汤、涮火锅等。现直接种植利用，因薯条较长，通常采用淮山定向结薯栽培技术种植。

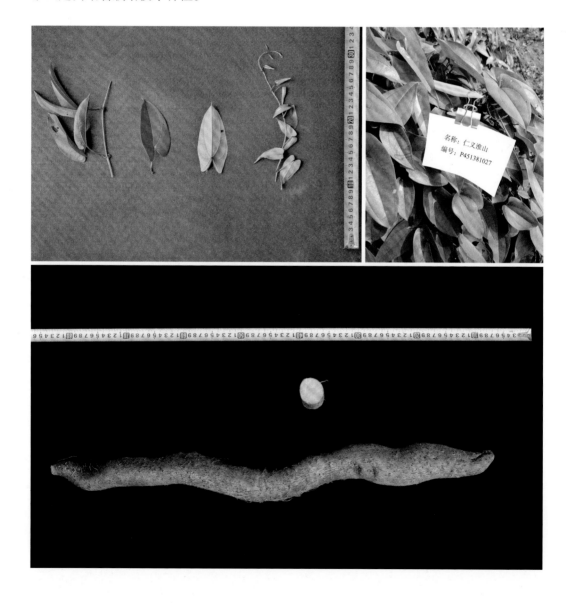

8. 水汶淮山

【采集地】广西梧州市岑溪市水汶镇水汶村。

【当地种植情况】在岑溪市各乡镇种植，主要由农民自行留种、自产自销。

【主要特征特性】在南宁种植，茎右旋、圆棱形、紫绿色；叶片心形、叶尖锐尖、深绿色、有蜡质层，叶序下部互生、上中部对生，叶腋间长零余子；薯块圆柱形，长96.1cm、宽5.0cm；薯皮浅褐色、根毛少；薯块横切面乳白色、光滑、胶质多；单株薯重1.2kg；不开花、无果实种子。水汶淮山抗旱、抗病虫，肉质细腻，切面久不褐化。

【利用价值】主要用于煲汤、涮火锅等。现直接种植利用，因薯条较长，通常采用淮山定向结薯栽培技术种植。

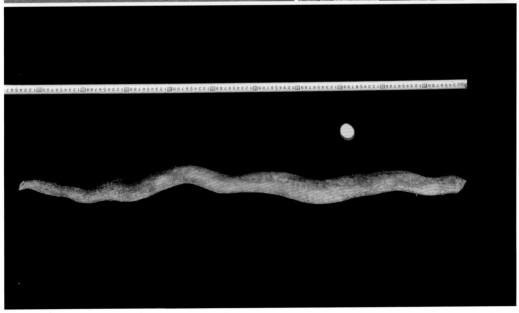

9. 罗龙淮山

【采集地】广西柳州市融水苗族自治县融水镇罗龙村岭坪屯。

【当地种植情况】在融水苗族自治县融水镇各村种植，主要由农民自行留种、自产自销，也有种植户进行规模种植并向市场销售。

【主要特征特性】在南宁种植，茎右旋、圆棱形、紫绿色；叶片剑形、叶尖锐尖、深绿色、有蜡质层，叶序下部互生、上中部对生，叶腋间长零余子；薯块圆柱形，长71.7cm、宽6.1cm；薯皮褐色、根毛少；薯块横切面乳白色、光滑、胶质多；单株薯重2.1kg；不开花、无果实种子。罗龙淮山薯条中短型，高产、抗旱、抗病虫，肉质细腻。

【利用价值】主要用于煲汤、涮火锅等，煲汤久煮不烂、口感粉面。现直接种植利用，通常采用淮山定向结薯栽培技术种植。

10. 对面岭淮山

【采集地】广西桂林市恭城瑶族自治县三江乡对面岭村对面岭屯。

【当地种植情况】在恭城瑶族自治县各乡镇种植，主要由农民自行留种、自产自销，也有种植户进行规模种植并向市场销售。

【主要特征特性】在南宁种植，茎右旋、圆棱形、紫绿色；叶片剑形、叶尖锐尖、深绿色、有蜡质层，叶序下部互生、上中部对生，叶腋间长零余子；薯块圆柱形，长96.2cm、宽6.2cm；薯皮灰色、根毛少；薯块横切面乳白色、光滑、胶质多；单株薯重3.2kg；不开花、无果种子。对面岭淮山高产、耐寒、抗病虫、商品性好，肉质细腻，切面久不褐变。

【利用价值】主要用于煲汤、涮火锅等，煲汤久煮不烂。现直接种植利用，因薯条较长，通常采用淮山定向结薯栽培技术种植。

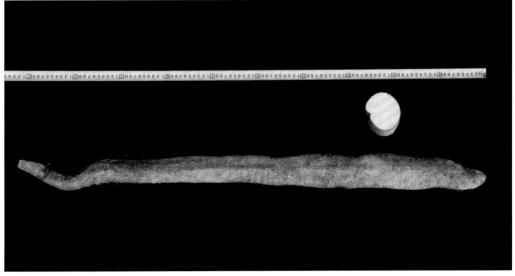

11. 岸田淮山

【采集地】广西梧州市岑溪市水汶镇岸田村。

【当地种植情况】在岑溪市水汶镇各村种植，主要由农民自行留种、自产自销。

【主要特征特性】在南宁种植，茎右旋、圆棱形、紫绿色；叶片剑形、叶尖锐尖、深绿色、有蜡质层，叶序下部互生、上中部对生，叶腋间长零余子；薯块圆柱形，长97.0cm、宽4.2cm；薯皮灰色、根毛少；薯块横切面乳白色、光滑、胶质多；单株薯重1.4kg；不开花、无果实种子。岸田淮山抗病虫，肉质细腻，切面久不褐化。

【利用价值】主要用于煲汤、涮火锅等，煲汤久煮不烂、口感粉面。现直接种植利用，因薯条较长，通常采用淮山定向结薯栽培技术种植。

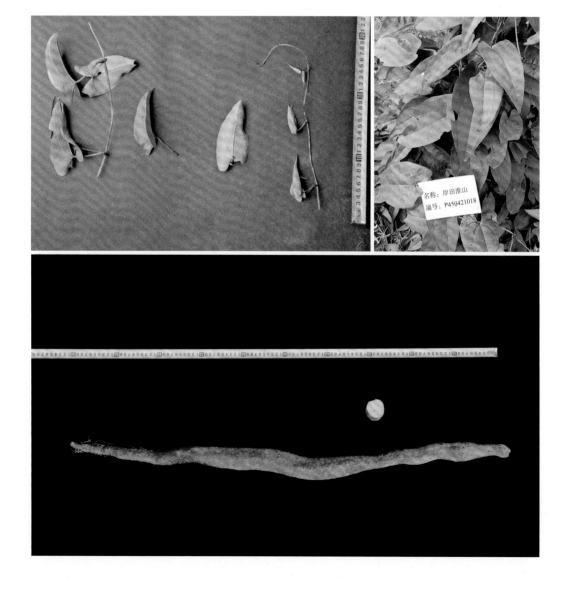

名称：岸田淮山
编号：P450421018

12. 古令淮山

【采集地】广西梧州市苍梧县新地镇古令村。

【当地种植情况】在梧州市新地镇各村种植，主要由农民自行留种、自产自销，也有种植户进行规模种植并向市场销售。

【主要特征特性】在南宁种植，茎右旋、圆棱形、紫绿色；叶片剑形、叶尖锐尖、深绿色、有蜡质层，叶序下部互生、上中部对生，叶柄两端带紫红色，叶腋间长零余子；薯块圆柱形，长 60.1cm、宽 3.5cm；薯皮灰色、根毛少；薯块横切面乳白色、光滑、胶质多；单株薯重 0.9kg；不开花、无果实种子。古令淮山薯条中短型，抗病虫，肉质细腻。

【利用价值】主要用于煲汤、涮火锅等，煲汤可与排骨等一起放入，久煮不烂。现直接种植利用，通常采用淮山定向结薯栽培技术种植。

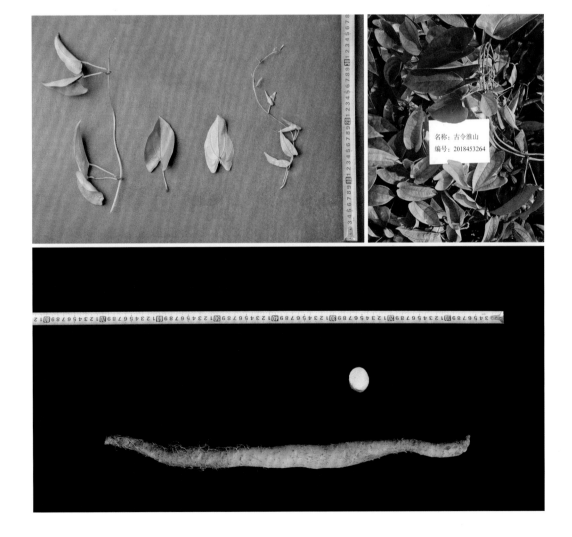

13. 上瑶淮山

【采集地】广西贵港市桂平市垌心镇上瑶村。

【当地种植情况】在桂平市各乡镇种植，主要由农民自行留种、自产自销，也有种植户进行规模种植并向市场销售。

【主要特征特性】在南宁种植，茎右旋、圆棱形、紫绿色；叶片心形、叶尖锐尖、深绿色、有蜡质层，叶序下部互生、上中部对生，叶柄两端带紫红色，叶腋间长零余子；薯块圆柱形，长81.6cm、宽5.7cm；薯皮褐色、根毛少；薯块横切面乳白色、光滑、胶质多；单株薯重1.6kg；不开花、无果实种子。上瑶淮山商品性好，抗病虫，肉质细腻，切面久不褐变。

【利用价值】主要用于煲汤、涮火锅、清炒、制作淮山干片等。现直接种植利用，因薯条较长，通常采用淮山定向结薯栽培技术种植。

14. 富藏淮山

【采集地】广西贵港市平南县镇隆镇富藏村新客屯。

【当地种植情况】在平南县各乡镇种植，主要由农民自行留种、自产自销，也有种植户进行规模种植并向市场销售。

【主要特征特性】在南宁种植，茎右旋、圆棱形、紫绿色；叶片心形、叶尖锐尖、深绿色、有蜡质层，叶序下部互生、上中部对生，叶柄两端带紫红色，叶腋间不长零余子；薯块圆柱形，长 71.0cm、宽 5.5cm；薯皮褐色、根毛少；薯块横切面乳白色、光滑、胶质多；单株薯重 1.4kg；不开花、无果实种子。富藏淮山薯条中短型，商品性好，抗病虫，肉质细腻，粉质多。

【利用价值】主要用于煲汤、涮火锅等，煲汤久煮不烂。现直接种植利用，通常采用淮山定向结薯栽培技术种植。

15. 那当淮山

【采集地】广西防城港市上思县叫安乡那当村。

【当地种植情况】在上思县各乡镇零星种植，主要由农民自行留种、自产自销。

【主要特征特性】在南宁种植，茎右旋、四棱形、绿色，茎翅明显、无刺、带紫色；叶片心形、叶尖锐尖、黄绿色、无蜡质层，叶柄两端带紫红色，叶序下部互生、上中部对生，叶腋间长零余子；薯块扁平，长 20.4cm、宽 27.8cm；薯皮褐色、表面较光滑、根毛少；薯块横切面紫白色、粒状、胶质多；单株薯重 3.3kg；不开花、无果实种子。那当淮山高产，肉质较粗。

【利用价值】主要用于蒸食、煮糖水、煮粥等，色泽鲜亮；但煲汤易烂，一般不用于煲汤。现直接种植利用，薯块入土浅，容易采收；地上部长势旺盛、薯块大，种植密度要相对稀疏。

16. 公正淮山

【**采集地**】广西防城港市上思县公正乡公正村。

【**当地种植情况**】在上思县各乡镇零星种植，主要由农民自行留种、自产自销。

【**主要特征特性**】在南宁种植，茎右旋、四棱形、绿色，茎翅明显、无刺、带紫色；叶片心形、叶尖锐尖、深绿色、无蜡质层，叶柄两端带紫红色，叶序下部互生、上中部对生，叶腋间长零余子；薯块扁平，长 23.0cm、宽 24.5cm；薯皮浅褐色、表面光滑、根毛少；薯块横切面紫色、粒状、胶质多；单株薯重 3.7kg；不开花、无果实种子。公正淮山高产、肉质较粗，颜色带紫。

【**利用价值**】主要用于蒸食、煮糖水、煮粥、做淮山饼等，煮糖水、煮粥等色泽鲜亮，但煲汤易烂。现直接种植利用，薯块入土浅，容易采收；地上部长势旺盛、薯块大，种植密度要相对稀疏。

名称：公正淮山
编号：2015453120

17. 隆福淮山

【采集地】广西河池市都安瑶族自治县隆福乡隆福村。

【当地种植情况】在都安瑶族自治县隆福乡各村屯种植，主要由农民自行留种、自产自销。

【主要特征特性】在南宁种植，茎右旋、四棱形、绿色，茎翅明显、无刺；叶片剑形、叶尖锐尖、绿色、有蜡质层，叶序下部互生、上中部对生，叶腋间不长零余子；薯块扁平，长33.2cm、宽10.5cm；薯皮褐色、根毛多；薯块横切面黄白色、粒状、胶质多；单株薯重1.6kg；不开花、无果实种子。隆福淮山广适、抗病虫。

【利用价值】主要用于蒸煮当零食或切成小丁块与稻米煮粥。现直接种植利用，薯块入土浅，容易采收。

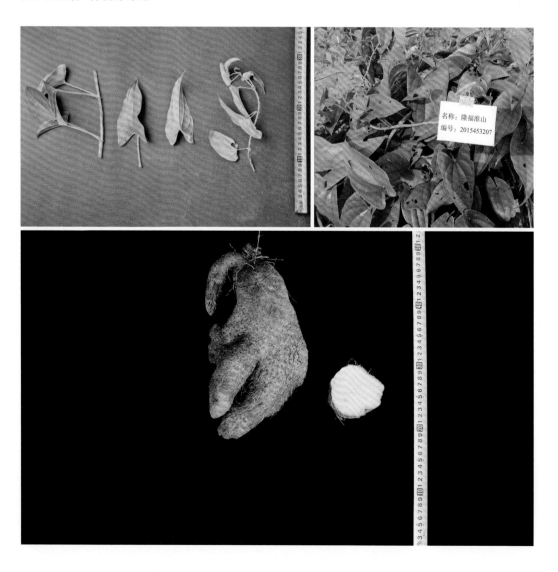

18. 弄民淮山

【采集地】广西百色市那坡县百南乡弄民村。

【当地种植情况】在那坡县百南乡各村种植，主要由农民自行留种、自产自销。

【主要特征特性】在南宁种植，茎右旋、四棱形、绿色，茎翅明显、无刺、带紫色；叶片剑形、叶尖锐尖、深绿色、无蜡质层，叶柄两端带紫红色，叶序下部互生、上中部对生，叶腋间长零余子；薯块脚状，长20.1cm、宽12.5cm；薯皮灰色、根毛少；薯块横切面紫色、粒状、胶质多；单株薯重1.6kg；不开花、无果实种子。

【利用价值】主要用于蒸食、煮糖水、做淮山饼等。现直接种植利用，薯块入土浅，容易采收。

19. 沐恩淮山

【采集地】广西来宾市象州县象州镇沐恩村。

【当地种植情况】在象州县象州镇各村种植，主要由农民自行留种、自产自销。

【主要特征特性】在南宁种植，茎右旋、四棱形、绿色，茎翅明显、无刺、带紫色；叶片剑形、叶尖锐尖、黄绿色、无蜡质层、叶柄两端带紫红色，叶序下部互生、上中部对生，叶腋间不长零余子；薯块长卵形，长 22.5cm、宽 9.2cm；薯皮褐色、表面较光滑、根毛少；薯块横切面紫白色、粒状、胶质多；单株薯重 1.8kg；不开花、无果实种子。沐恩淮山肉质较粗，颜色紫白。

【利用价值】主要用于蒸食、煮糖水、煮粥等，煲汤易烂，一般不用于煲汤。现直接种植利用，薯块入土浅，容易采收；地上部长势旺盛，种植密度要相对稀疏；薯块长卵形，可起高垄种植。

20. 潘村淮山

【采集地】广西来宾市象州县罗秀镇潘村村。

【当地种植情况】在象州县罗秀镇各村种植，主要由农民自行留种、自产自销。

【主要特征特性】在南宁种植，茎右旋、四棱形、绿色，茎翅明显、无刺、带紫色；叶片剑形、叶尖锐尖、黄绿色、无蜡质层，叶序下部互生、上中部对生，叶腋间不长零余子；薯块扁平，长19.5cm、宽9.0cm；薯皮褐色、根毛极少；薯块横切面黄白色、粒状、胶质多；单株薯重1.1kg；不开花、无果实种子。潘村淮山表面极为光滑，容易削皮。

【利用价值】主要用于蒸食、煮糖水等。现直接种植利用，薯块入土浅，容易采收；地上部长势旺盛，种植密度要相对稀疏。

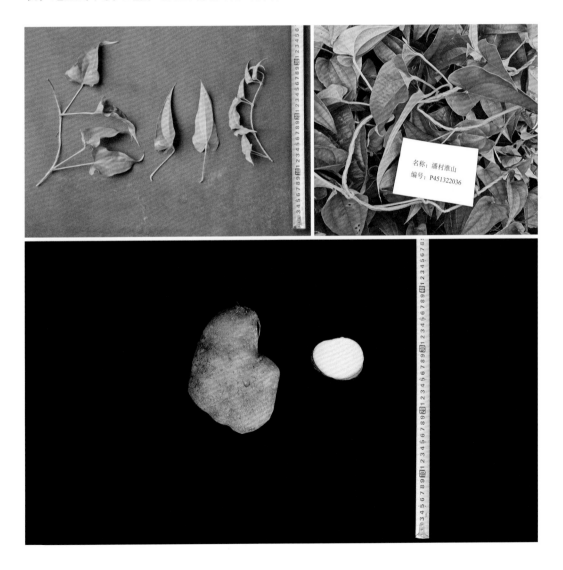

21. 坤王淮山

【采集地】广西河池市东兰县武篆镇坤王村。

【当地种植情况】在东兰县武篆镇各村种植，主要由农民自行留种、自产自销。

【主要特征特性】在南宁种植，茎右旋、四棱形、紫绿色，茎翅明显、无刺、带紫色；叶片心形、叶尖锐尖、黄绿色、无蜡质层，叶序下部互生、上中部对生，叶腋间长零余子；薯块圆柱形，长53.1cm、宽9.2cm；薯皮褐色、根毛多；薯块横切面黄白色、粒状、胶质多；单株薯重3.3kg；不开花、无果实种子。坤王淮山高产、广适、耐热。

【利用价值】主要用于煲汤、清炒、煮糖水、饲用等，煲汤易烂，不宜久煮，清炒清脆爽口。现直接种植利用，地上部长势极为旺盛，种植密度要相对稀疏；薯条较长，通常采用淮山定向结薯栽培技术种植。

22.新盏淮山

【采集地】广西南宁市隆安县布泉镇新盏村。

【当地种植情况】在隆安县布泉镇各村种植，主要由农民自行留种、自产自销。

【主要特征特性】在南宁种植，茎右旋、四棱形、绿色，茎翅明显、无刺；叶片剑形、叶尖锐尖、绿色、无蜡质层，叶序下部互生、上中部对生，叶腋间不长零余子；薯块脚状，长 31.5cm、宽 23.5cm；薯皮灰色、根毛少；薯块横切面黄白色、粒状、胶质多；单株薯重 3.6kg；不开花、无果实种子。新盏淮山高产、抗旱。

【利用价值】主要用于蒸食、煮糖水、煮粥等。现直接种植利用，薯块入土浅，容易采收；地上部长势旺盛，薯块大，种植密度要相对稀疏。

23. 新河淮山

【采集地】广西贵港市平南县马练镇新河村。

【当地种植情况】在平南县马练镇各村种植，主要由农民自行留种、自产自销。

【主要特征特性】在南宁种植，茎右旋、四棱形、绿色，茎翅明显、无刺；叶片心形、叶尖锐尖、绿色、有蜡质层，叶序下部互生、上中部对生，叶腋间不长零余子；薯块扁平，长 24.5cm、宽 19.5cm；薯皮褐色、表面较光滑、根毛少；薯块横切面黄白色、粒状、胶质多；单株薯重 2.9kg；不开花、无果实种子。

【利用价值】主要用于蒸食、煮糖水，以及饲用等。现直接种植利用，薯块入土浅，容易采收；地上部长势旺盛，种植密度要相对稀疏。

24. 庆云淮山

【采集地】广西桂林市荔浦市龙怀乡庆云村大岭屯。

【当地种植情况】在荔浦市龙怀乡各村种植，主要由农民自行留种、自产自销，部分农户种植并向市场销售。

【主要特征特性】在南宁种植，茎右旋、四棱形、绿色，茎翅明显、无刺，带紫色；叶片心形、叶尖锐尖、黄绿色、无蜡质层，叶序下部互生、上中部对生，叶腋间不长零余子；薯块长卵形，长 38.5cm、宽 10.1cm；薯皮褐色、表面根毛少；薯块横切面黄白色、粒状、胶质多；单株薯重 3.5kg；不开花、无果实种子。庆云淮山高产、微甜。

【利用价值】主要用于蒸食、清炒、煮糖水等。现直接种植利用，薯块入土浅，采收容易；地上部长势旺盛，种植密度要相对稀疏；薯块长卵形，可起高垄种植。

25. 介福淮山

【采集地】广西百色市凌云县逻楼镇介福村。

【当地种植情况】在凌云县逻楼镇各村种植，主要由农民自行留种、自产自销。

【主要特征特性】在南宁种植，茎右旋、四棱形、绿色，茎翅明显、无刺；叶片心形、叶尖锐尖、黄绿色、有蜡质层，叶序下部互生、上中部对生，叶腋间长零余子；薯块扁平，长 26.5cm、宽 20.1cm；薯皮浅褐色、表面光滑、根毛少；薯块横切面黄白色、粒状、胶质多；单株薯重 3.5kg；不开花、无果实种子。介福淮山高产、广适。

【利用价值】主要用于蒸食、煮糖水、煮粥等。现直接种植利用，薯块入土浅，容易采收；地上部长势旺盛，种植密度要相对稀疏。

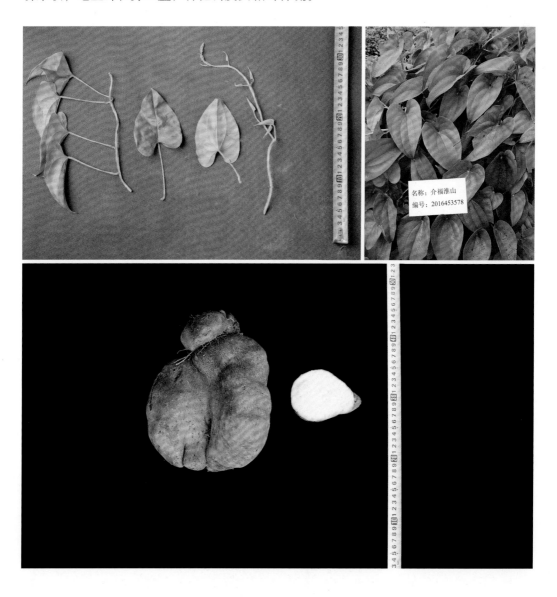

26. 磨村淮山

【**采集地**】广西百色市凌云县逻楼镇磨村村老寨屯。

【**当地种植情况**】在凌云县逻楼镇各村种植，主要由农民自行留种、自产自销。

【**主要特征特性**】在南宁种植，茎右旋、四棱形、绿色，茎翅明显、无刺；叶片剑形、叶尖锐尖、深绿色、无蜡质层，叶序下部互生、上中部对生，叶腋间不长零余子；薯块不规则，长 26.2cm、宽 15.0cm；薯皮灰色、表面根毛多；薯块横切面黄白色、粒状、胶质多；单株薯重 2.7kg；不开花、无果实种子。磨村淮山高产、形状不规则、不太容易削皮。

【**利用价值**】主要用于蒸食和饲用等。现直接种植利用，薯块入土浅，容易采收；地上部长势旺盛，种植密度要相对稀疏。

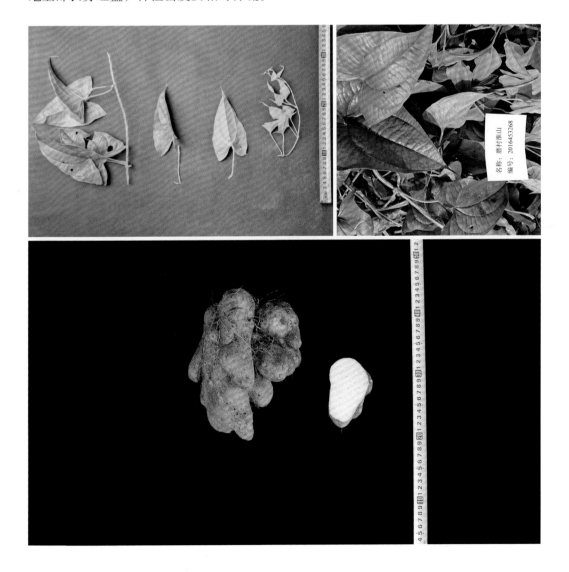

27. 驮林淮山

【采集地】广西百色市靖西市魁圩乡驮林村林利屯。

【当地种植情况】在靖西市魁圩乡各村种植,主要由农民自行留种、自产自销。

【主要特征特性】在南宁种植,茎右旋、四棱形、绿色,茎翅明显、无刺;叶片心形、叶尖锐尖、深绿色、有蜡质层,叶序下部互生、上中部对生,叶腋间不长零余子;薯块扁平,长 24.5cm、宽 28.0cm;薯皮灰色、根毛多;薯块横切面黄白色、粒状、胶质多;单株薯重 3.3kg;不开花、无果实种子。驮林淮山高产、广适、抗病虫性较好,但肉质较粗。

【利用价值】主要用于蒸食、煮糖水、煮粥,以及饲用等。现直接种植利用,地上部长势旺盛,薯块大,种植密度要相对稀疏。

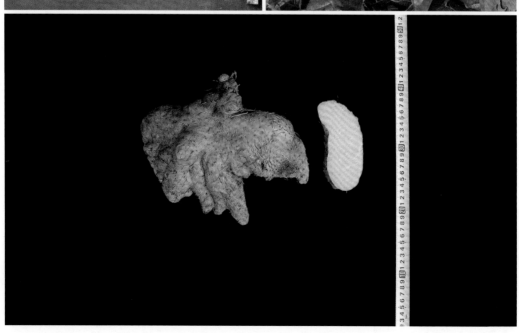

28. 三冲淮山

【采集地】广西百色市隆林各族自治县德峨乡三冲村尾老屯。

【当地种植情况】在隆林各族自治县德峨乡各村种植，主要由农民自行留种、自产自销。

【主要特征特性】在南宁种植，茎右旋、四棱形、绿色，茎翅明显、无刺、带紫色；叶片剑形、叶尖锐尖、黄绿色、无蜡质层，叶序下部互生、上中部对生，叶柄两端带紫红色，叶腋间不长零余子；薯块长卵形，长 23.2cm、宽 9.0cm、薯皮灰色；表面较光滑、根毛少；薯块横切面外缘紫色、粒状、胶质多；单株薯重 1.5kg；不开花、无果实种子。三冲淮山薯块较规整、容易削皮。

【利用价值】主要用于蒸食、煮糖水、煮粥、做淮山饼等。现直接种植利用，地上部长势旺盛，种植密度要相对稀疏；薯块长卵形，可起高垄种植。

29. 平方淮山

【采集地】广西河池市大化瑶族自治县北景乡平方村牙火屯。

【当地种植情况】在大化瑶族自治县北景乡各村种植，主要由农民自行留种、自产自销。

【主要特征特性】在南宁种植，茎右旋、四棱形、绿色，茎翅明显、无刺、带紫色；叶片心形、叶尖锐尖、深绿色、无蜡质层，叶序下部互生、上中部对生，叶腋间长零余子；薯块扁平，长 20.5cm、宽 22.0cm；薯皮灰色、根毛少；薯块横切面黄白色、粒状、胶质多；单株薯重 2.1kg；不开花、无果实种子。平方淮山高产、较早熟，但薯块不容易削皮。

【利用价值】主要用于蒸食、煮粥，以及饲用等。现直接种植利用，薯块入土浅，容易采收；地上部长势旺盛，种植密度要相对稀疏。

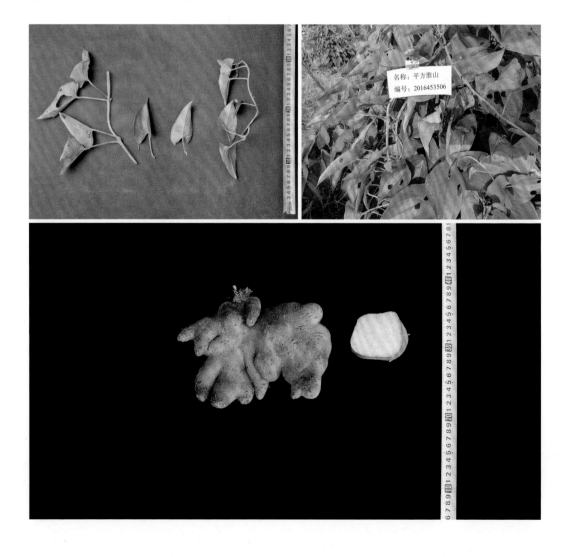

30. 古乔淮山

【采集地】广西河池市大化瑶族自治县共和乡古乔村古昆屯。

【当地种植情况】在大化瑶族自治县共和乡各村种植，主要由农民自行留种、自产自销。

【主要特征特性】在南宁种植，茎右旋、四棱形、绿色，茎翅明显、无刺、带紫色；叶片心形、叶尖锐尖、黄绿色、无蜡质层，叶柄两端带紫红色，叶序下部互生、上中部对生，叶腋间长零余子；薯块长卵形，长20.5cm、宽9.0cm；薯皮褐色、根毛少；薯块横切面外缘紫色、粒状、胶质多；单株薯重1.8kg；不开花、无果实种子。

【利用价值】主要用于蒸食、清炒等，清炒清脆爽口。现直接种植利用，地上部长势旺盛，种植密度要相对稀疏；薯块长卵形，可起高垄种植。

31. 琴清淮山

【采集地】广西崇左市宁明县桐棉镇琴清村琴清屯。

【当地种植情况】在宁明县桐棉镇各村种植，主要由农民自行留种、自产自销。

【主要特征特性】在南宁种植，茎右旋、四棱形、绿色，茎翅明显、无刺；叶片心形、叶尖锐尖、深绿色、无蜡质层，叶序下部互生、上中部对生，叶腋间长零余子；薯块长卵形，长34.1cm、宽12.0cm；薯皮灰色、根毛少；薯块横切面黄白色、粒状、胶质多；单株薯重2.5kg；不开花、无果实种子。琴清淮山高产，表皮平整，容易削皮。

【利用价值】主要用于蒸食、煮糖水、清炒等，清炒清脆爽口。现直接种植利用，地上部长势旺盛，种植密度要相对稀疏；薯块长卵形，可起高垄种植。

32. 逻楼淮山

【**采集地**】广西百色市凌云县逻楼镇介福村。

【**当地种植情况**】在凌云县逻楼镇各村种植，主要由农民自行留种、自产自销。

【**主要特征特性**】在南宁种植，茎右旋、四棱形、绿色，茎翅明显、无刺；叶片心形、叶尖锐尖、深绿色、无蜡质层，叶序下部互生、上中部对生，叶腋间长零余子；薯块扁平，长 32.5cm、宽 14.2cm；薯皮灰色、根毛多；薯块横切面黄白色、粒状、胶质多；单株薯重 2.3kg；不开花、无果实种子。逻楼淮山高产、肉质较粗。

【**利用价值**】主要用于蒸食、煮糖水、煮粥、做淮山饼等。现直接种植利用，薯块入土浅，采收容易；地上部长势极为旺盛，种植密度要相对稀疏。

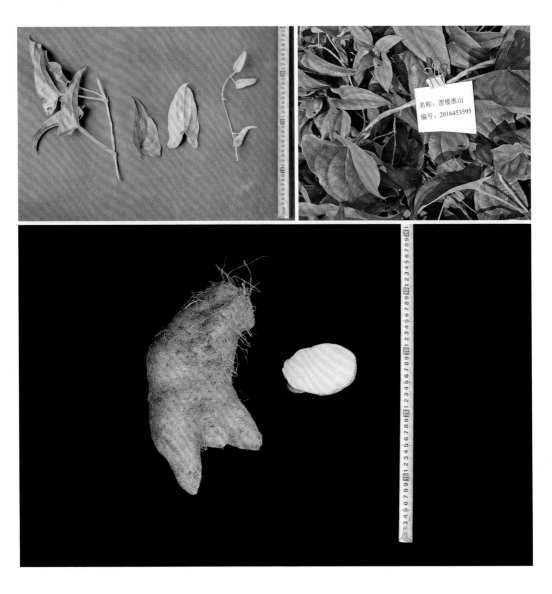

33. 凤凰淮山

【采集地】广西贺州市昭平县凤凰镇凤凰村。

【当地种植情况】在昭平县凤凰镇各村种植，主要由农民自行留种、自产自销。

【主要特征特性】在南宁种植，茎右旋、四棱形、绿色，茎翅明显、无刺、带紫色；叶片剑形、叶尖锐尖、深绿色、无蜡质层，叶柄两端带紫红色，叶序下部互生、上中部对生，叶腋间不长零余子；薯块扁平，长18.2cm、宽24.1cm；薯皮褐色、表面较光滑、根毛少；薯块横切面紫白色、粒状、胶质多；单株薯重2.1kg；不开花、无果实种子。凤凰淮山高产。

【利用价值】主要用于蒸食、煮糖水、煮粥、做淮山饼，以及饲用等。现直接种植利用，薯块入土浅，采收容易；地上部长势旺盛，种植密度要相对稀疏。

34. 中南淮山

【采集地】广西钦州市浦北县龙门镇中南村。

【当地种植情况】在浦北县龙门镇各村种植,主要由农民自行留种、自产自销。

【主要特征特性】在南宁种植,茎右旋、四棱形、绿色,茎翅明显、无刺、带紫色;叶片心形、叶尖锐尖、黄绿色、无蜡质层,叶柄两端带紫红色,叶序下部互生、上中部对生,叶腋间不长或少长零余子;薯块长卵形,长20.1cm、宽8.7cm;薯皮褐色、表面较光滑、根毛少;薯块横切面紫白色、粒状、胶质多;单株薯重1.4kg;不开花、无果实种子。中南淮山表皮较平整,容易削皮,颜色紫白。

【利用价值】主要用于蒸食、煮糖水、煮粥等。现直接种植利用,薯块入土浅,采收容易;地上部长势旺盛,种植密度要相对稀疏;薯块长卵形,可起高垄种植。

35. 百龙滩淮山

【采集地】广西南宁市马山县百龙滩镇南新村外河屯。

【当地种植情况】在马山县各乡镇零星种植，主要由农民自行留种、自产自销。

【主要特征特性】在南宁种植，茎右旋、四棱形、绿色，茎翅明显、无刺、带紫色；叶片心形、叶尖锐尖、黄绿色、无蜡质层，叶柄两端带紫红色，叶序下部互生、上中部对生，叶腋间不长零余子；薯块扁平，长27.5cm、宽31.5cm；薯皮褐色、表面光滑、根毛少；薯块横切面紫白色、粒状、胶质少；单株薯重3.3kg；不开花、无果实种子。百龙滩淮山高产、广适，颜色紫白。

【利用价值】主要用于蒸食、煮糖水、煮粥、做淮山饼等，煮糖水、煮粥等色泽鲜亮。现直接种植利用，薯块入土浅，采收容易；地上部长势旺盛，种植密度要相对稀疏。

36. 南新淮山

【采集地】广西南宁市马山县百龙滩镇南新村外河屯。

【当地种植情况】在马山县百龙滩镇各村种植，主要由农民自行留种、自产自销。

【主要特征特性】在南宁种植，茎右旋、四棱形、绿色，茎翅明显、无刺、带紫色；叶片心形、叶尖锐尖、深绿色、无蜡质层，叶柄两端带紫红色，叶序下部互生、上中部对生，叶腋间不长零余子；薯块长卵形，长 25.1cm、宽 13.5cm；薯皮褐色、根毛少；薯块横切面紫白色、粒状、胶质多；单株薯重 1.7kg；不开花、无果实种子。南新淮山表皮光滑，容易削皮。

【利用价值】主要用于蒸食、煮糖水、煮粥等。现直接种植利用，薯块入土浅，采收容易；地上部长势旺盛，种植密度要相对稀疏；薯块长卵形，可起高垄种植。

名称：南新淮山
编号：P450124002

37. 寅亭淮山

【采集地】广西河池市凤山县平乐乡寅亭村瑶山屯。

【当地种植情况】在凤山县平乐乡各村种植，主要由农民自行留种、自产自销。

【主要特征特性】在南宁种植，茎右旋、四棱形、绿色，茎翅明显、无刺；叶片心形、叶尖锐尖、深绿色、无蜡质层，叶序下部互生、上中部对生，叶腋间有零余子；薯块扁平，长 22.0cm、宽 20.1cm；薯皮灰色、根毛多；薯块横切面黄白色、粒状、胶质多；单株薯重 1.7kg；不开花、无果实种子。寅亭淮山耐旱。

【利用价值】主要用于蒸食、煮糖水、煮粥等。现直接种植利用，薯块入土浅，采收容易；地上部长势旺盛，种植密度要相对稀疏。

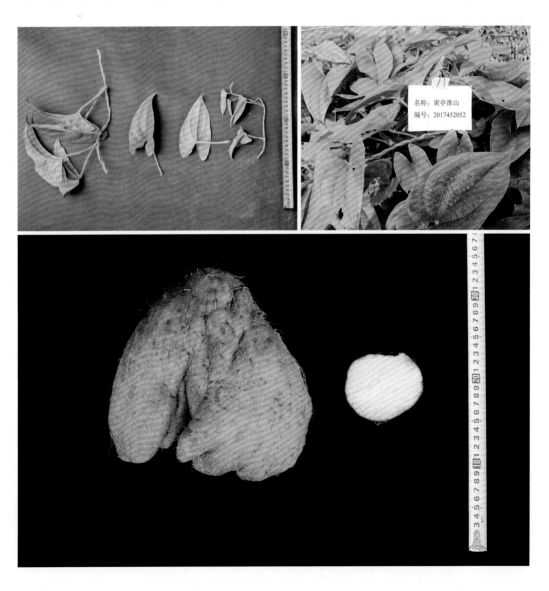

38. 大平淮山

【**采集地**】广西贵港市平南县大新镇大平村。

【**当地种植情况**】在平南县大新镇各村种植，主要由农民自行留种、自产自销。

【**主要特征特性**】在南宁种植，茎右旋、四棱形、绿色，茎翅明显、无刺、带紫色；叶片心形、叶尖锐尖、深绿色、无蜡质层，叶序下部互生、上中部对生，叶脓间不长零余子；薯块长卵形，长 29.1cm、宽 11.0cm；薯皮灰色、表面较光滑、根毛少；薯块横切面黄白色、粒状、胶质多；单株薯重 1.9kg；不开花、无果实种子。大平淮山表皮平整，容易削皮。

【**利用价值**】主要用于煲汤、清炒等，煲汤易烂，不宜久煮，清炒清脆爽口。现直接种植利用，薯块长卵形，可起高垄种植。

名称：大平淮山
编号：2018453213

39. 镇南淮山

【采集地】广西钦州市钦北区板城镇镇南村。

【当地种植情况】在钦州市板城镇各村种植，主要由农民自行留种、自产自销。

【主要特征特性】在南宁种植，茎右旋、四棱形、紫绿色，茎翅明显、无刺；叶片剑形、叶尖锐尖、深绿色、有蜡质层，叶序下部互生、上中部对生，叶腋间不长零余子；薯块扁平，长 22.5cm、宽 11.0cm；薯皮褐色、根毛少；薯块横切面黄白色、粒状、胶质多；单株薯重 2.2kg；不开花、无果实种子。镇南淮山高产、优质。

【利用价值】主要用于蒸食、煮糖水、煮粥等。现直接种植利用，薯块入土浅，采收容易；地上部长势旺盛，种植密度要相对稀疏。

40. 岭门淮山

【采集地】广西钦州市钦南区犀牛脚镇岭门村。

【当地种植情况】在钦州市犀牛脚镇各村种植，主要由农民自行留种、自产自销。

【主要特征特性】在南宁种植，茎右旋、四棱形、紫绿色，茎翅明显、无刺、带紫色；叶片剑形、叶尖锐尖、深绿色、无蜡质层，叶序下部互生、上中部对生，叶柄两端带紫红色，叶腋间长零余子；薯块扁平，长23.0cm、宽42.5cm；薯皮灰色、根毛少；薯块横切面黄白色、粒状、胶质多；单株薯重7.5kg；不开花、无果实种子。岭门淮山块茎大、产量极高。

【利用价值】主要用于蒸食、煮糖水、煮粥，以及饲用等。现直接种植利用，薯块入土浅，采收容易；薯块大，种植密度要稀疏。

41. 三江淮山

【采集地】广西桂林市恭城瑶族自治县三江乡对面岭村对面岭屯。

【当地种植情况】在恭城瑶族自治县三江乡各村零星种植，主要由农民自行留种、自产自销。

【主要特征特性】在南宁种植，茎右旋、圆棱形、紫绿色；叶片剑形、叶尖锐尖、黄绿色、无蜡质层，叶序互生，叶腋间长零余子；薯块圆柱形，长 53.4cm、宽3.1cm；薯皮灰色、根毛多；薯块横切面乳白色、光滑、胶质多；单株薯重 0.5kg；每年都开花，有果实和种子。三江淮山薯条中短型，优质，肉质细腻洁白，切面久不褐化。

【利用价值】主要用于煲汤等，煲汤久煮不烂、口感粉面。现直接种植利用，但因叶片纸质，易招虫害，生产上要注意防控。

42. 邓塘毛薯

【采集地】广西钦州市灵山县烟墩镇邓塘村。

【当地种植情况】在灵山县烟墩镇各村种植，主要由农民自行留种、自产自销。

【主要特征特性】在南宁种植，茎左旋、圆形、紫绿色、有刺；叶片心形、叶尖锐尖、黄绿色、无蜡质层，单叶互生，叶柄有刺，叶腋间不长零余子；邓塘毛薯块茎先端有多个分枝，各分枝末端膨大形成卵状块茎；薯块长卵形，长 31.4cm、宽 9.5cm、单株有 4～7 个薯块；薯皮灰色、根毛极多；薯块横切面黄白色、粒状、胶质多；单株薯重 1.7kg；不开花、无果实种子。邓塘毛薯成熟时要适时收获，此时口感甘甜；延迟收获则口感有涩味。

【利用价值】主要用于蒸煮当零食、煮糖水、涮火锅等。现直接种植利用，一般需要搭架栽培，薯块大，产量高；入土浅，容易采收；薯块长卵形，可起高垄种植。

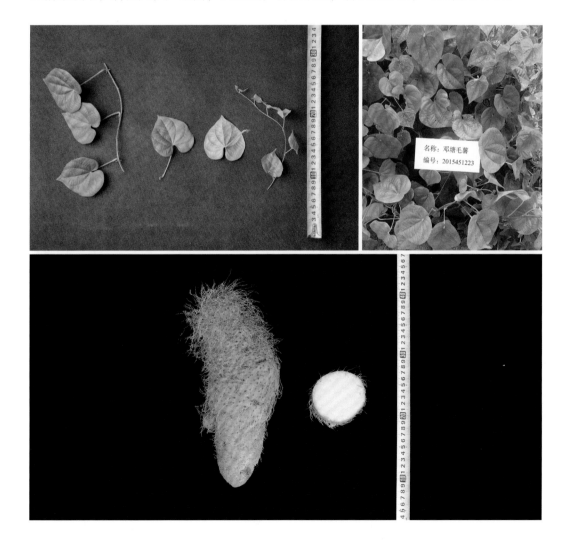

名称：邓塘毛薯
编号：2015451223

43. 地灵毛薯

【采集地】广西桂林市龙胜各族自治县乐江镇地灵村七组。

【当地种植情况】在龙胜各族自治县乐江镇各村种植，主要由农民自行留种、自产自销。

【主要特征特性】在南宁种植，茎左旋、圆形、紫绿色、有刺；叶片心形、叶尖锐尖、黄绿色、无蜡质层，单叶互生，叶柄有刺，叶腋间长零余子；地灵毛薯块茎先端有多个分枝，各分枝末端膨大形成卵状块茎；薯块长卵形，长13.0cm、宽5.0cm、单株有5～10个薯块；薯皮灰色、根毛极多；薯块横切面黄白色、光滑、胶质多；单株薯重1.0kg；不开花、无果实种子。该品种成熟时要适时收获，此时口感甘甜；延迟收获时口感有涩味。

【利用价值】主要用于蒸煮食用等。现直接种植利用，一般需要搭架栽培，薯块入土浅，容易采收。

名称：地灵毛薯
编号：2016452518

第四节 旱藕种质资源介绍

1. 乐江旱藕

【**采集地**】广西南宁市马山县金钗镇乐江村。

【**当地种植情况**】在马山县金钗镇种植，主要由农户自行留种、自产自销，也有部分规模种植、加工销售。

【**主要特征特性**】[①]在河池种植，株型半紧凑，分蘖 11 个；叶片绿色，嫩叶边缘紫色，叶长 50.2cm、宽 28.5cm；茎节 10 个，株高 271.6cm，茎径为 19.6mm，花红色；块茎单株重 5.1kg，芽粉色，根系较少；块茎淀粉含量为 22.7%。

【**利用价值**】该种质块茎淀粉含量高，现直接应用于生产，用于加工粉丝、提取淀粉或加工饲料等，也可作为高淀粉育种亲本材料。

---

① 【主要特征特性】所列旱藕种质资源的农艺性状数据均为 2016～2018 年田间鉴定数据的平均值，后文同

2. 龙桂旱藕

【采集地】广西南宁市马山县里当乡龙桂村。

【当地种植情况】在马山县里当乡种植，主要由农户自行留种、自产自销，也有部分规模种植、加工销售。

【主要特征特性】在河池种植，株型半紧凑，分蘖 10 个；叶片绿色，嫩叶边缘紫色面积小，叶长 46.7cm、宽 25.8cm；茎节 11 个，株高 218.6cm，茎径为 19.1mm，花红色；块茎单株重 5.8kg，芽粉色，根系较长；块茎淀粉含量为 24.1%。

【利用价值】该种质块茎淀粉含量高，现直接应用于生产，用于加工粉丝、提取淀粉或加工饲料等，也可作为高淀粉育种亲本材料。

3. 马脚塘旱藕

【采集地】广西南宁市宾阳县邹圩镇马脚塘村。

【当地种植情况】在宾阳县邹圩镇马脚塘村零星种植，主要由农户自行留种、自产自销。

【主要特征特性】在当地种植，株型半紧凑，植株高大，分蘗20个；叶片浅绿色，嫩叶边缘浅绿色，叶长66.4cm、宽34.8cm，叶脉细；茎节12个，株高352.5cm，茎径为24.1mm，花红色；块茎产量高，单株重8.3kg，芽粉色，根系较多；块茎淀粉含量为14.6%。

【利用价值】该种质块茎淀粉含量低、糖分高，生产上种植主要鲜食或炒食，也可作为鲜食旱藕育种亲本材料。

4. 东庙旱藕

【采集地】广西河池市都安瑶族自治县东庙乡东庙村。

【当地种植情况】在都安瑶族自治县东庙乡种植，主要由农户自行留种、自产自销，也有部分规模种植、加工销售。

【主要特征特性】在河池种植，株型半紧凑，分蘖13个；叶片绿色，嫩叶边缘紫色，叶长45.8cm、宽28.6cm，叶脉粗；茎节11个，株高240.5cm，茎径为19.3mm，花红色；块茎单株重5.8kg，芽紫色，根系较长；块茎淀粉含量为23.7%。

【利用价值】该种质块茎淀粉含量高，现直接应用于生产，用于加工粉丝、提取淀粉或加工饲料等，也可作为高淀粉育种亲本材料。

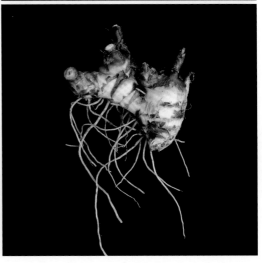

5. 温和旱藕

【**采集地**】广西河池市大化瑶族自治县雅龙乡温和村。

【**当地种植情况**】在大化瑶族自治县雅龙乡种植，主要由农户自行留种、自产自销，也有部分规模种植、加工销售。

【**主要特征特性**】在河池种植，株型半紧凑，分蘖 15 个；叶片绿色，嫩叶边缘紫色，叶长 47.4cm、宽 26.8cm；茎节 12 个，株高 257.6cm，茎径为 20.9mm，花红色；块茎单株重 6.0kg，芽紫色，根系多；块茎淀粉含量为 22.5%。

【**利用价值**】该种质块茎淀粉含量高，现直接应用于生产，用于加工粉丝、提取淀粉或加工饲料等，也可作为高淀粉育种亲本材料。

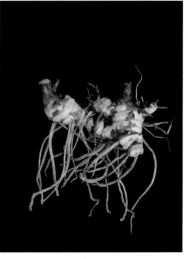

6. 永良旱藕

【采集地】广西河池市宜州区福龙乡永良村。

【当地种植情况】在福龙乡永良村零星种植，主要由农户自行留种、自产自销。

【主要特征特性】在当地种植，株型半紧凑，分蘖 8 个；叶片绿色，嫩叶边缘紫色，叶长 43.0cm、宽 25.4cm；茎节 11 个，株高 215.5cm，茎径为 20.5mm，花红色；块茎单株重 3.9kg，芽粉色，根系多；块茎淀粉含量为 21.2%。

【利用价值】该种质块茎淀粉含量高，现直接应用于生产，用于提取淀粉、加工饲料等，也可作为高淀粉育种亲本材料。

7. 都川旱藕

【采集地】广西河池市环江毛南族自治县川山镇都川村。

【当地种植情况】在环江毛南族自治县川山镇零星种植，主要由农户自行留种、自产自销。

【主要特征特性】在当地种植，株型半紧凑，分蘖 14 个；叶片浓厚，深绿色，嫩叶边缘紫色，叶长 39.8cm、宽 27.4cm，叶脉粗；茎节 10 个，株高 208.6cm，茎径为 21.5mm，花红色；块茎单株重 5.8kg，芽紫色，根系较长；块茎淀粉含量为 23.4%。

【利用价值】该种质块茎淀粉含量高，现直接应用于生产，用于提取淀粉、加工饲料等，也可作为高淀粉育种亲本材料。

8. 风仁旱藕

【采集地】广西百色市隆林各族自治县天生桥镇风仁村。

【当地种植情况】在隆林各族自治县天生桥镇种植，主要由农户自行留种、自产自销，也有部分规模种植、加工销售。

【主要特征特性】在河池种植，株型半紧凑，分蘖 16 个；叶片绿色，嫩叶边缘紫色，叶长 57.6cm、宽 30.9cm；茎节 11 个，株高 263.7cm，茎径为 20.6mm，花红色；块茎单株重 6.5kg，芽紫色，根系较短；块茎淀粉含量为 24.6%。

【利用价值】该种质块茎淀粉含量高，现直接应用于生产，用于加工粉丝、提取淀粉或加工饲料等，也可作为高淀粉育种亲本材料。

9. 新逻旱藕

【采集地】广西百色市凌云县逻楼镇新逻村。

【当地种植情况】在凌云县逻楼镇种植，主要由农户自行留种、自产自销，也有部分规模种植、加工销售。

【主要特征特性】在河池种植，株型半紧凑，分蘖 10 个；叶片深绿色，嫩叶边缘紫色，叶长 45.4cm、宽 27.8cm；茎节 12 个，株高 238.5cm，茎径为 23.2mm，花红色；块茎单株重 5.5kg，芽紫色，根系多；块茎淀粉含量为 22.8%。

【利用价值】该种质块茎淀粉含量高，现直接应用于生产，用于加工粉丝、提取淀粉或加工饲料等，也可作为高淀粉育种亲本材料。

10. 汉吉旱藕

【**采集地**】广西百色市乐业县逻沙乡汉吉村。

【**当地种植情况**】在乐业县逻沙乡种植，主要由农户自行留种、自产自销，也有部分规模种植、加工销售。

【**主要特征特性**】在河池种植，株型半紧凑，分蘖 9 个；叶片绿色，嫩叶边缘紫色面积小，叶长 42.8cm、宽 28.8cm；茎节 11 个，株高 228.7cm，茎径为 20.6mm，花红色；块茎单株重 5.0kg，芽粉色，根系较长；块茎淀粉含量为 21.9%。

【**利用价值**】该种质块茎淀粉含量高，现直接应用于生产，用于加工粉丝、提取淀粉或加工饲料等，也可作为高淀粉育种亲本材料。

11. 结安旱藕

【采集地】广西崇左市天等县进结镇结安村。

【当地种植情况】在天等县进结镇种植，主要由农户自行留种、自产自销，也有部分规模种植、加工销售。

【主要特征特性】在河池种植，株型半紧凑，分蘖 12 个；叶片绿色，嫩叶边缘紫色，叶长 49.5cm、宽 25.5cm；茎节 10 个，株高 245.3cm，茎径为 20.8mm，花红色；块茎单株重 5.5kg，芽粉色，根系较长；块茎淀粉含量为 24.7%。

【利用价值】该种质块茎淀粉含量高，现直接应用于生产，用于加工粉丝、提取淀粉或加工饲料等，也可作为高淀粉育种亲本材料。

12. 西江旱藕

【采集地】广西柳州市忻城县红渡镇西江村。

【当地种植情况】在忻城县红渡镇零星种植，主要由农户自行留种、自产自销。

【主要特征特性】在当地种植，株型半紧凑，分蘖14个；叶片绿色，嫩叶边缘紫色，叶长45.5cm、宽27.3cm；茎节12个，株高257.5cm，茎径为20.6mm，花红色；块茎单株重6.0kg，芽粉色，根系较短；块茎淀粉含量为21.5%。

【利用价值】该种质块茎淀粉含量高，现直接应用于生产，用于提取淀粉、加工饲料等，也可作为高淀粉育种亲本材料。

13. 黄冕旱藕

【采集地】广西柳州市鹿寨县黄冕镇黄冕村。

【当地种植情况】在鹿寨县黄冕镇零星种植，主要由农户自行留种、自产自销。

【主要特征特性】在当地种植，株型半紧凑，分蘖 10 个；叶片绿色，嫩叶边缘紫色，叶长 40.3cm、宽 24.4cm；茎节 11 个，株高 200.5cm，茎径为 18.6mm，花红色；块茎小，单株重 3.6kg，芽紫色，根系较多且长；块茎淀粉含量为 18.9%。

【利用价值】现直接应用于生产，用于提取淀粉、加工饲料等，也可作为育种亲本材料。

14. 千祥旱藕

【采集地】广西桂林市兴安县华江乡千祥村。

【当地种植情况】在华江乡千祥村零星种植，主要由农户自行留种、自产自销。

【主要特征特性】在当地种植，株型半紧凑，植株小，分蘖 7 个；叶片紫色，叶长 35.0cm、宽 18.5cm；茎节 6 个，株高 123.5cm，茎径为 16.5mm，花深红色；块茎产量低，单株重 2.6kg，芽褐色，根系长；块茎淀粉含量为 16.7%。

【利用价值】现直接应用于生产，主要作为药材，据当地人们介绍，该种质块茎煮食，可祛除冷汗、虚汗等，也可作为旱藕药用功能研究的基础材料。

15. 大新旱藕

【采集地】广西桂林市全州县全州镇大新村。

【当地种植情况】在全州镇大新村零星发现，主要在田间地头、门前屋后自行生长。

【主要特征特性】在当地种植，株型半紧凑，分蘖 8 个；叶片绿色，嫩叶边缘紫色，叶长 41.5cm、宽 26.2cm；茎节 10 个，株高 210.5cm，茎径为 18.8mm，花红色；块茎单株重 4.0kg，芽粉色，根系多；块茎淀粉含量为 19.6%。

【利用价值】在当地有些用于美化庭院，也可作为育种亲本材料。

16. 新岗旱藕

【采集地】广西贵港市桂平市西山镇新岗村。

【当地种植情况】在桂平市西山镇零星种植，主要由农户自行留种、自产自销。

【主要特征特性】在当地种植，株型半紧凑，分蘖 12 个；叶片绿色，嫩叶边缘紫色，叶长 40.5cm、宽 24.2cm；茎节 10 个，株高 235.0cm，茎径为 20.0mm，花红色；块茎单株重 4.5kg，芽粉色，根系较少；块茎淀粉含量为 20.7%。

【利用价值】现直接应用于生产，用于蒸煮食用、提取淀粉等，也可作为育种亲本材料。

17. 峙冲旱藕

【采集地】广西贵港市平南县镇隆镇峙冲村。

【当地种植情况】在平南县镇隆镇零星种植，主要由农户自行留种、自产自销。

【主要特征特性】在当地种植，株型半紧凑，分蘖 12 个；叶片绿色，嫩叶边缘紫色，叶长 42.5cm、宽 26.1cm；茎节 11 个，株高 230.5cm，茎径为 21.3mm，花红色；块茎单株重 4.3kg，芽粉色，根系较短；块茎淀粉含量为 21.4%。

【利用价值】现直接应用于生产，用于蒸煮食用、提取淀粉等，也可作为育种亲本材料。

18. 古盘旱藕

【采集地】广西贺州市昭平县仙回乡古盘村。

【当地种植情况】在仙回乡古盘村零星种植，主要由农户自行留种、自产自销。

【主要特征特性】在河池种植，株型半紧凑，分蘖 10 个；叶片绿色，嫩叶边缘紫色，叶长 43.4cm、宽 25.8cm；茎节 11 个，株高 253.6cm，茎径为 21.3mm，花红色；块茎单株重 4.8kg，芽粉色，根系多且短；块茎淀粉含量为 21.8%。

【利用价值】现直接应用于生产，用于蒸煮食用、提取淀粉等，也可作为育种亲本材料。

19. 安平旱藕

【**采集地**】广西梧州市岑溪市安平镇安平村。

【**当地种植情况**】在安平镇安平村零星发现，主要在田间地头、门前屋后自行生长。

【**主要特征特性**】在河池种植，株型半紧凑，分蘖 11 个；叶片绿色，嫩叶边缘紫色面积小，叶长 45.2cm、宽 26.5cm；茎节 11 个，株高 248.0cm，茎径为 18.6mm，花红色；块茎单株重 4.2kg，芽粉色，根系较短；块茎淀粉含量为 19.7%。

【**利用价值**】当地有些用于美化庭院，也可作为育种亲本材料。

20. 黄姚旱藕

【采集地】广西贺州市昭平县黄姚古镇。

【当地种植情况】在黄姚古镇零星发现，主要在田间地头、门前屋后自行生长。

【主要特征特性】在当地种植，株型半紧凑，分蘖 12 个；叶片绿色，嫩叶边缘紫色，叶长 43.6cm、宽 24.5cm；茎节 11 个，株高 228.7cm，茎径为 18.3mm，花红色；块茎单株重 5.2kg，芽粉色，根系短；块茎淀粉含量为 19.8%。

【利用价值】当地有些用于美化庭院，也可作为育种亲本材料。

21. 凤山旱藕

【采集地】广西玉林市博白县凤山镇凤山村。

【当地种植情况】在博白县凤山镇零星种植，主要由农户自行留种，自产自销。

【主要特征特性】在河池种植，株型半紧凑，分蘖 13 个；叶片绿色，嫩叶边缘紫色，叶长 48.8cm、宽 29.5cm；茎节 11 个，株高 250.5cm，茎径为 19.7mm，花红色；块茎单株重 5.0kg，芽粉色，根系多且短；块茎淀粉含量为 22.1%。

【利用价值】该种质块茎淀粉含量高，现直接应用于生产，用于蒸煮食用、提取淀粉等，也可作为高淀粉育种亲本材料。

22. 陈关旱藕

【采集地】广西玉林市兴业县蒲塘镇陈关村。

【当地种植情况】在兴业县蒲塘镇零星种植，主要由农户自行留种、自产自销。

【主要特征特性】在河池种植，株型半紧凑，分蘖 10 个；叶片绿色，嫩叶边缘紫色面积小，叶长 46.4cm、宽 31.5cm；茎节 11 个，株高 233.5cm，茎径为 21.8mm，花红色；块茎单株重 5.0kg，芽粉色，根系较短；块茎淀粉含量为 18.8%。

【利用价值】现直接应用于生产，用于蒸煮食用、提取淀粉等，也可作为育种亲本材料。

23. 三娘湾旱藕

【采集地】广西钦州市钦南区犀牛脚镇三娘湾。

【当地种植情况】在犀牛脚镇三娘湾零星发现，主要在田间地头、门前屋后自行生长。

【主要特征特性】在当地种植，株型半紧凑，分蘖13个；叶片绿色，嫩叶边缘绿色，叶长48.2cm、宽26.6cm；茎节11个，株高295.0cm，茎径为23.8mm，花红色；块茎单株重5.7kg，芽粉色，根系较短；块茎淀粉含量为15.5%。

【利用价值】当地有些用于美化庭院，也可作为育种亲本材料。

24. 黎头旱藕

【采集地】广西钦州市灵山县文利镇黎头村。

【当地种植情况】在灵山县文利镇零星种植，主要由农户自行留种，自产自销。

【主要特征特性】在当地种植，株型半紧凑，分蘖 14 个；叶片深绿色，嫩叶边缘紫色，叶长 46.5cm、宽 30.2cm；茎节 11 个，株高 243.5cm，茎径为 22.6mm，花红色；块茎单株重 5.2kg，芽紫色，根系多且长；块茎淀粉含量为 22.1%。

【利用价值】该种质块茎淀粉含量高，现直接应用于生产，用于蒸煮食用、提取淀粉等，也可作为高淀粉育种亲本材料。

25. 那怀旱藕

【采集地】广西钦州市钦北区大寺镇那怀村。

【当地种植情况】在大寺镇那怀村零星发现，主要在田间地头、门前屋后自行生长。

【主要特征特性】在当地种植，株型半紧凑，分蘖 13 个；叶片绿色，嫩叶边缘紫色，叶长 40.8cm、宽 22.6cm；茎节 11 个，株高 213.6cm，茎径为 19.3mm，花红色；块茎单株重 5.0kg，芽粉色，根系较长；块茎淀粉含量为 17.6%。

【利用价值】当地有些用于美化庭院，也可作为育种亲本材料。

26. 田心旱藕

【采集地】广西防城港市防城区扶隆镇田心村。

【当地种植情况】在扶隆镇田心村零星发现，主要在田间地头、门前屋后自行生长。

【主要特征特性】在当地种植，株型半紧凑，分蘖 10 个；叶片绿色，嫩叶边缘紫色，叶长 41.2cm、宽 20.8cm；茎节 11 个，株高 207.9cm，茎径为 18.5mm，花红色；块茎单株重 4.7kg，芽粉色，根系较长；块茎淀粉含量为 17.1%。

【利用价值】当地有些用于美化庭院，也可作为育种亲本材料。

参 考 文 献

董玉琛, 郑殿升. 2006. 中国作物及其野生近缘植物: 粮食作物卷. 北京: 中国农业出版社.

刘旭, 曹永生, 张宗文. 2008. 农作物种质资源基本描述规范和术语. 北京: 中国农业出版社.

刘旭, 王述民, 李立会. 2013. 云南及周边地区优异农业生物种质资源. 北京: 科学出版社.

韦本辉. 2013. 中国淮山药栽培. 北京: 中国农业出版社.

严华兵. 2014. 多姿多彩的木薯. 南宁: 广西科学技术出版社.

张允刚, 房伯平, 等. 2006. 甘薯种质资源描述规范和数据标准. 北京: 中国农业出版社.

中国科学院中国植物志编辑委员会. 1981. 中国植物志　第十六卷　第二分册. 北京: 科学出版社.

索　引